男人是什麼東西?!

婦產科名醫教妳床上馭夫密技

潘俊亨醫師 ◎著

Contents

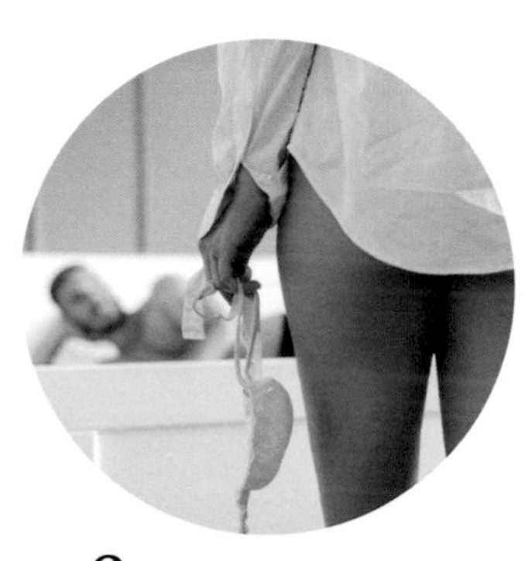

CH3 男人的性心理 078

CH4 婚姻與男人 098

女人解放自己，開發男人性感帶，勿忘性愛如此美好！

潘醫師這本書雖然書名是《男人是什麼東西？！》但事實上它不只是描寫男人的書，也描寫了女人，女人是男人的對照組外，也是男人的性愛對象，及這本書最主要的讀者，潘醫師非常細膩的描寫女人的需求，也因此此書不僅女人要讀，男人若想理解女人，或想理解自己，也應該讀！

潘醫師除了運用自己的專業來談性愛外，也有心理上如何面對跟男人各種關係，包括跟男人安全分手，及實際教導各種性愛技巧，讓女人更進一步了解男人的肉體；最有趣的還是潘醫師喜歡蒐集許多與性愛有關的例子，且潘醫師也充分發揮了他一貫熱情的沙必死精神，在書卷後有一個年差姊弟性愛輕小說，成為此書重要的「福利」！

不過因世代差距及國度差距或是性別體驗的差距，現在年輕男人已經未必如過去所假想的那麼生猛，或是有那麼強烈的性需要，這其實也是現代男女的一大問題；而即使熟年男女，雖然想做愛，但實際存在一些基本難題，像是身材變形、很害羞、自覺欠缺魅力等，而這只需要改變觀念，男女不同時期有不同的魅力，肉體的劣化是彼此彼此，必要時關燈做愛也是OK的。

雖然潘醫師主張女人最好維持美好身材，才能繼續吸引男人；不過身為女人也有話要說，因為女人也希望自己的男人熟年後依然有肉體魅力，就像我常跟我的伴侶說「你最好是像模像樣的男人，才會想帶你去參加同學會！」之外，大部分女人也希望男人是能吸引自己想做愛的模樣，才不會出現曾有日本女人要伴侶戴上裴勇俊的面具之後才有辦法跟他做愛；許多女人不做愛，是因為伴侶失去性吸引力，跟男人未必想跟妻子做愛的理由一樣，如果對象不是自己的伴侶，那還想做愛的女人其實很多！

夫妻如果每天在長年被柴米油鹽包圍的環境裡，像是床上還有許多洗完後沒摺沒收的衣褲等，自然湧不出性慾，因此可換個環境到摩鐵等，日本許多摩鐵最大宗的顧客不是不倫男女，而是熟年夫妻。

日本最近10年不斷鼓勵熟年要做愛做到死，因為做愛不僅對身體健康或身心都有益，尤其做愛時需要發揮想像力，預防認知症（失智），尤其被認為與提高免疫力也有關，因為做愛會燃燒身體的熱量，使體溫提高，是最佳的「溫活」，也是這個大移動時代、大感染時代裡最佳的自我防衛手段！

我也非常贊成繼續做愛、恢復做愛，這是夫妻關係圓滿的最佳絕竅。日本大文豪檀一雄的《火宅之人》裡說到熟年男女真諦就是「跟她（他）上床，就不會分手，很難分手！」肉體的結合也是最高的心靈結合，雖然有些男女可以靈肉分家，但大部分人都是靈肉合一的，因為做愛需要很多默契，不僅僅是有肉體就能做成愛，因此俗諺也說「床頭吵架床尾和」，是有一定道理的。

現代跟以前大男人主義時代比起來，有許多好跡象，像是現在年輕人，甚至熟年男人也都比較想在床上討好女人，認為女人獲得滿足才是男人性愛的成就指標，許多男人精研性技巧並非只為了自己的性滿足，而是為了讓女人也能享受性愉悅！

不過即使男人已經不再是大男人，我也還喜歡提醒女人不要永遠處於被動，要發揮「三八力」，也就是女人不要太正經，女人會不會撒嬌是其次，但如果只是很單純看世間事或看男人觀點的話，一方面很可能會失去理解男人的機會，最主要還是會失去自己享受人生的機會！許多女人不懂男人為何會迷戀風塵味女人，那是因為那樣的女人比較放得開，較能展露出原始的性魅力！

也因此我首先主張女人應該要先解放自己，女人不需要有固定的女人模樣，女人應該放心當自己，自問自己到底需要什麼；其次，女人不要期待法律來保障婚姻，才會真正擁有自己的男人，及擁有自己當主角的人生！在床上也才會有讓自己能獲得高潮的性愛！

做愛不做愛不是重點，最重要的是獲得性愉悅，獲得高潮需要個人很高的想像力與感受力，別人無法替妳獲得高潮；如果妳在床上能自己獲得高潮，其實也會給伴侶帶來很大的滿足感與成就感的！

潘醫師認為「女人自第一次性交後對性愛的感受就益加豐富敏感」，其實男人倒是可以稍為安心點，因為女人是跟熟習的對象數次上床後，才比較會逐漸開放自己放大膽去做愛；但女人的確是第一次對性愛大開眼界之後，比較容易成為性愛俘虜，也就是女人一旦性慾被喚起之後，其實很難真的消失！

也因此，男人在覬覦別人的妻子或其他女人時，忘記自己家裡的妻子也有性慾。許多妻子對男人老肖想別的人妻表示氣憤，覺得自己才更想交換丈夫！男人忽略女人的性需要，也會有許多後果的，像是男人愛看的按摩房裡的A片，其實現實也在發生，日本也誕生許多女人專用的性愛風化店，雖然許多女人對於上這類風化店還有點罪惡感，但很快就跟男人一樣會合理化的！

潘醫師認為「女人全身都是性器」，其實男人更是全身都是性器，男女做愛如果不過度拘泥於插入，自然就不會太在乎勃起問題，也不會給男人太大壓力；當然現代醫學有許多幫忙勃起的藥品被開發出來，如果有醫師診斷等，也會有很大助益，不過藥物性勃起，有些男女有抗拒，且男人片面太過厲害，兩人也都會吃不消的。

日本將棋霸主米長邦雄曾開設人生諮詢專欄，有男人為了性器太小而很自卑，米長說：「男人全身都是性器，沒什麼好自卑的！男人性器只要有4公分長，就一定夠用！」類似主張的人也很多，像是拍過5千部以上A片的加藤鷹便更是「全身皆性器」的教主，認為性愛不是性器、性技的問題，而是一種禮儀，及是否得到被愛的尊重才是關鍵。

日本的常用語彙裡有「全身性器」，原指男人色兮兮地，整個人看起來好像陽具般，鎮日只想做愛，但現代語的「全身性器」是指身體各部分都是性器，尤其像加藤鷹便主張手指、舌頭、牙齒等每一樣都能派上用場，男女都擺脫性器情結，性愛也會更豐富！

女人解放自己及彼此擺脫性器情結後，自然也能理解男人，且能開發男人的性感帶；潘醫師認為「男人很可憐，他的性感帶只在一處：陰莖及陰囊」，不過許多男人常承認自己的性感帶是很多樣的，許多女人實際體驗也是如此，而且男人也會隨著年紀而使荷爾蒙發生變化，感度降低，也因此男人甚至比女人更需要開發性感帶，男人的奶頭或是肛門外側等被公認是性感帶，而現在日本還流行男人除去陰毛來增加性器敏感度，當然女人也可以配合男人性器尺寸而調整張腿的角度等！

時代不斷在變化，O孃時代的性愉虐（SM），女人扮演受虐的M角色，那是傳統性關係下的奉仕與犧牲，不過最近現代男人（特別是扮演M的角色），尤其是菁英、有成就的男人，要扮演主虐的S通常較費腦力，需要語言及表現力才能在性愛中擁有主導性，而現代男人都脆弱疲憊，因此很希望讓女人主導！

婚姻的倦怠感也往往是男人造成的，當然原本在現代婚姻制度出現時，人的平均壽命很短，像日本1947年時平均壽命還只有50歲左右（男性50.06，女性53.96），但現在大家至少都多活30幾年，性愛不一致才會成為問題！

東方社會對男人較寬大，男人或許經濟能力強一些，就可以放言「一夫一妻制不適合我」，而即使是家財萬貫的女強人，也無法輕易說出這樣的話，許多女人也很容易為男人隨時發情的；也因此這是社會習慣使然，並非男人性能力較強，男人也不必因此給自己過多壓力；雖然有財富男人的不斷換妻，新妻往往是成功象徵，但是找年輕美眉的代價很高，男人往往身心跟不上，最近日本連續發生名人老夫少妻配的年下妻出軌，而名男人還要出來幫妻子否認外遇的情事！

日本人常說「外遇如在滿員電車上被踹一腳一樣容易」，表示這是很容易發生的事，但未必是只有男人會被踹，女人往往也有被踹的機會，只是女人因為社會不寬容等而故意迴避而已；外遇裡有許多偶然，也因此我總覺得不要去追究理由，強要合理化，而承認外遇是隨時會發生、頻繁在發生的，不是誰有罪無罪、有錯沒錯的問題！

不過對於被外遇的伴侶而言，當然是一種背叛。我的原則是男人如果不希望妻子做的事，自己也不要做，正如我還不希望我的伴侶做的事，我自己也不會做，這才是外遇與否的公平原則；男人如果覺得妻子跟別的男人上床也OK的話，那才是有外遇的最淺資格；但男人如果知道妻子還愛自己，自己也不希望妻子跟別的男人上床，自己就只好先努力跟妻子恢復做愛，因為兩人有時只是忘記做愛是如此美好而已！女人也不要忘記隨時提醒男人自己也是有性慾的——三八地提醒一下吧！

劉黎兒

知名作家、日本文化觀察家

2020年3月

懂男人，先懂女人——超前部署兩性關係

潘院長是婦產科的前輩，而且文采非凡，近年來更是創作火力全開，連續出版多本婦產相關科普衛教叢書，身為後進真的佩服到五體投地。

個人近年因為參與身心醫療教育推廣，擔任兩屆「台灣婦產科身心醫學會理事長」，深刻體會女性在身心方面的困擾以及被忽略的情緒。但是一段時間後，我發現，男性在普世價值觀裡，看似在社會中扮演強者以及掠奪社會資源的角色，但其實很多時候，因為不瞭解自己，或是不被瞭解，反而相對成為一種弱勢族群。

很高興這一本書的出現，書中從男性「性生理」為出發點，談到婚姻中男人的態度，包含外遇及離婚，甚至到一些近期熱門的話題，例如：

——**生養小孩有助婚姻維繫嗎？**

——**婚後感情為何會變淡？**

——**老少配好嗎？（男配女，甚至熟女配小鮮肉的趨勢）**

——**如何拒絕色誘，臨老入花叢的危險？**

這些話題在書中都有中肯且有趣的說明與建議。本書還有科學觀點及現實社會中的案例分享，感覺有看八卦雜誌的快感與偷窺感呢！

此書也設計了一些科學專欄，例如各種男性醫藥用品的專業表列，還有情緒或是情感荷爾蒙，包含血清素、多巴胺等介紹，包含激情大多只能維持30個月等有趣的科普知識，真的是寓教於樂。

關於性教育，保仁醫師個人曾經在2010年跟陶晶瑩在政大開過「幸福

講堂」課程，當時開放160人次，在15分鐘之內報名額滿。六堂課教導的內容包含生理、心理、避孕相關性教育、男女性愛大不同，甚至到婚姻情感處理。當時學生與參與的夥伴們都覺得很有趣，並且收穫滿滿，但是真的很累，所以那是辦理的第一次也是最後一次。然而在潘院長的這本著作中，有非常系統性的說明介紹，之前無緣參加「幸福講堂」的學生們，在這裡可以從書中補回一些了。

保仁醫師本身也是「台灣婦產科身心醫學會」的一員，經常跟許多身心科醫師一起合作及交流，這幾年下來，一直有個很深的感觸，那就是女性們的身心需要更多的照護，但這些需求不是被忽略，就是找不到方法。女性心理的問題需要另一半共同來關照；但是要懂女性之前，也許了解男性也是一個必要的條件呢！套句最近流行的話，這本書應該是在兩性互相了解過程中，一部值得「超前部署」的好工具書呢！

陳保仁

台灣婦產科身心醫學會理事長、禾馨民權婦幼診所院長

你和妳想知道的，讓潘醫師來說

第一次收到潘醫師寫推薦序的邀約時，我立刻一陣頭痛，畢竟我經常笑說在唸醫學院的時間大概把我這輩子讀書的份量都用完了，又加上潘醫師再三強調這是一本很推薦女性閱讀的書，我懷疑自己是否能勝任推薦的責任，於是我想推託卻又說不出口。

後來我想了想，其實潘醫師和我都在做著照護女性的工作，從各類婦科問題到懷孕生產、產後間質幹細胞儲存、產後月子護理、性生活諮詢，到更年期的問題治療等等，這些加起來幾乎相當於一個女人在不同人生階段的需求，我們除了要了解需求，更需要了解她們的疑惑，才能提供更完善的照護。倘若沒有仔細拜讀，又要怎麼推薦呢？於是我還是點開潘醫師的大作，決定要一探究竟這位和我稱兄道弟的俊亨兄腦袋裡到底裝了些什麼？

在閱讀的過程中，我不斷冒出：「說得這麼直白真的可以嗎？」的疑惑，除了生理上的專業知識，潘醫師更直白地道出許多男性的心裡話，尤其是那些「妳不好意思問」和「他不好意思說」的內心想法。

我生在那個健康教育第十四章讓老師們尷尬的年代，當時青年學子們的疑惑無法在課堂上完全解開，大家靠著偷偷傳閱黃色書刊及言情小說得到片片段段的不完整資訊；而現在這網路資訊爆炸的時代，任何資訊在網路上只要簡單搜尋便可找到，然而這些資訊真真假假混雜在一塊兒，什麼是正確的？又要如何判斷？更何況是當你想了解男性真實的想法與需求時，真的可以靠著網路上的搜尋解惑嗎？

我想潘醫師這本書不只適合想了解另一半的女性讀者，也適合想了解家裡青春期男孩的母親以及想了解自己需求的男性。這是一本囊括了男性生理構造、男性對婚姻及關係維持的想法、對於性愛的喜好及需求的大全，套句潘醫師書裡說的「所謂知己知彼百戰不殆就是要攻心為上」。

閱讀這本書也許能一解深藏在妳心中的某些疑惑，也讓妳用不同的角度更加客觀瞭解身邊的他，相信對於兩人親密關係的經營也能有不小的幫助！

宣昶有

宣捷幹細胞生技股份有限公司董事長

自序

這是為女性而寫的書，寫這本書的目的在讓女人清楚而客觀的認識男人。

老實說，大部分的女人即使和男人相處了一輩子，替男人懷孕生兒育女，同床共枕了幾十年，仍然對男人是陌生的，她們所認識的男人只是活在她們心目中的另一個人。

因為不瞭解男人的本性，女人不知道和男人關係的根本是出自追求性慾的滿足，性慾驅使男人追求女人，使男人急著和女人發生肉體關係，進而產生感情，發展成情侶關係，後來才成為夫妻，如果不是因為潛意識裡性慾的驅動，男人對待女人和對待男人不會有任何差別；即使是同性戀，兩人的關係也是始於性慾！

遺憾的是女人往往忽略了男人的性慾及性對男性行為的影響，並在日常相處互動中漠視性對男人的需要，因此無法理解男人行為的動機，致誤判形勢而造成一連串錯誤，使得事與願違。

就生理構造來看，男人是向外凸出、女人是往內凹陷，男人在性行為中性器進入對方體內，排放出精子，女人則是相對被動的一方，男人可以射後不理，女人則必須承受懷孕的後果，所以男人對性交的態度比較不慎重，女人的身體則是被插入並留下結果的一方，形式上處於守勢，自然會多所猶豫，態度相對被動。

這樣的心態差異已在成長過程中深入在女性的潛意識裡，女人如果用自己的思維去理解男人的行為肯定相當不解，或依此來判斷男人行為的對錯，往往像是雞同鴨講，說法很難讓男人心服。

譬如外遇或是劈腿，有些男人是起於一時的貪慾，原本並無意駐足久留，如成龍所說，「這是全天下男人都會犯的錯」，如果女人把它視為對彼此感情的背叛，常常會讓事情一發不可收拾。事實上，多數情況男人會坦承是自己犯了錯，但他認為這只是在感情上開了小差，不會認為是犯了背叛感情的滔天大罪！

諸如此類的看法落差，如果能冷靜下來耐心好好溝通，就可避免衝突並把危機解除，因為多數男人外遇並非一開始就有和對方結為夫妻的想法，而小三也不一定有介入他人婚姻取代正宮的意圖，如果女人錯估男人外遇的動機，常常會過度反應，把事情弄得更糟。

不論貧富貴賤，性的慾望始終深植在男人的潛意識裡，即令出家的和尚也必須每天對抗蠢蠢欲動的性慾念，但性慾其實不只存在男人體內，也深植在女人的潛意識中，如未爆發的火山，隱藏的能量甚至大過男人千百倍！男人的性快感只在陰莖勃起的當下，並在插入抽送射精後嘎然中止，快感也跟著結束，每次皆相同，男人換不同的女人做愛只是滿足好奇心和新鮮感。

女人自第一次性交後對性愛的感受就益加豐富敏感，與男人相較，女人更易被肉體上甜美的感覺所俘虜，君不見女人如果偶遇舊愛，對於昔日曾引導她感受性奧秘的男人再度的性愛邀約往往不易抗拒。

其實肉體才是維持男女關係的主要元素，如果妳的男人被另一個女人搶走，意謂著她已經和妳的男人上床做愛了，妳搶回男人的方法只能是在床上下功夫，說道理沒用，走法律途徑反而把他推得更遠。

從另一個角度來說，夫妻感情如果還不錯，女人就應該用心維持和男人的性關係，要多花一點心思，不可讓性生活中斷，因為男人可能會因為一段時間沒與妳做愛而變成習慣，而這正是為外遇開了一扇窗。

女人如果瞭解男人對性的好奇心及其慾望的強烈程度，就應該知道男人對外遇誘惑的抵抗力有多低了！而會讓男人沉迷不可自拔的女人，通常有如下條件：言語舉止妖嬈迷人，肉體與眼神性感誘人，對做愛的反應敏感豐富，事實上這也是男人皆垂涎的美魔女須具備的條件！

也許我這麼說對女人不公平，為什麼女人就必須克制食慾保持身材來滿足男人的性胃口呢？這問題真的很難說得清，因為就結果論來說，男人對女人如果沒胃口如何能勃起，又怎麼有辦法和女人做愛？我一直強調上帝創造人類並分成男女，就是蘊涵著要他們做愛的旨意，我們為什麼要拂逆上帝的旨意呢？有情男女做愛是最大的快樂，況且做愛的成本極低，只要兩情相悅，感情就是成本，材料是各自的身體，可說是成本最低、獲得快樂最多的投資，套句流行用語，是CP值最高的活動！

前言

大家都知道「女人心，海底針」，說的是女人的性情捉摸不定；其實不只女人，男人的心也深不可測。

從生理上說，男人是下半身思考，這是千古以來都被人認同的真理，但現代女性這麼聰明，現代男性只用下半身思考是應付不來的；或者應該說，男人用下半身只能應付女人的生理，若加上上半身的思考能力就可以跟女人打成平手，從這點看，真該感謝現代女人讓男人上半身的思考功能又恢復了生機。

上述的說法雖然極盡調侃，卻也不無道理。以前人的婚姻多是從一而終，女人「大門不出，二門不邁」，這讓男人很好「管理」，但歷經千年，婚姻這座「圍城」已然傾頹，城裡城外極好進出，同居、試婚、外遇、換妻、離婚……，這些一再挑戰舊傳統底線的議題不斷成為熱門話題，讓我們不得不思考，千百年來人們真的錯了嗎？

告子說：「食色性也」，說的是人的基本生理需求，但在基本生理需求之外，做為人應該還有安全需求、社會需求、尊重需求、自我實現等需求，這過程是從生理需求漸進到心理需求，也是人類跟其他動物的差別。依此來看，若「婚姻」是生理需求，那「離婚」就是心理需求；如果沒有婚姻制度的束縛，就沒有外遇、換妻、離婚等這些「格外」狀況，是不是也言之成理？

這是個大哉問，很多人一輩子都在找答案，自古以來多少風流人物著書立言也很難說分明。區區本書不求能為所有在懸崖邊的男男女女解惑，但求能理解複雜的男女情事於萬一，且試著從男人的性生理、性心理、愛情觀及男人最愛做的事等角度解析男人，好讓紅塵男女能更深入了解彼此。

所謂「知己知彼，百戰不殆」，我是個婦產科醫師，從醫30多年，熟知女性的性生理，也因為與無數的患者互動，她們許多因為婚姻關係出問題，試圖透過醫療方式讓身體回春以挽回男人的心，我除了給她們專業上的協助，也提醒她們「攻心為上」，殊不知，心理上的理解有時比實際的醫療更具效果。

為了讓更多女性掌握調控男性生心理的關鍵技巧，我寫了這本書，本書後段的《輕小説》「一個熟女與小他20歲學生的性愛」為真人故事改編，是我從門診病患得知的故事，述説一個輕熟女解放情慾的心路歷程，邀妳共賞。

不管妳跟他的關係是夫妻、情侶、人妻與小王或人夫與小三、或是曖昧期關係未定，總之，好好研究妳身邊那個男人，讓他的生心理在妳面前無所遁形，妳就能化被動為主動，解放自己、引導男人的情慾，同登高潮。

CH 1

男人如何看待性？

說「性」論「慾」，點開網路書店網站，幾千筆的資料跑不掉，這些書籍有興趣的人可以找時間慢慢研究，但要說性學入門經典，就不能忽略《金賽性學報告》與《海蒂性學報告》。

金賽性學報告

美國學者阿爾弗雷德・金賽（Alfred Kinsey）、保羅・格布哈德（Paul Gebhard）及華帝・帕姆洛依（Wardell Pomeroy）等人所寫的關於人類性行為的兩本書，分別是《男性性行為》及《女性性行為》。

《男性性行為》書中的研究資料是金賽教授和他的同事從1940年起為期7年向1萬2千多名受訪者直接面談所取得，以被調查者的行為來驗證人類性行為的實況，為社會大眾在決定自己的性態度和性價值取向時提供可信的參考數據。

這本書的重要貢獻在於它首次揭示了美國民眾性行為的實況，從而建立一個客觀的參照標準，更重要的是它把「性」這一話題帶出幽暗的深谷，使

男性性行為　　美國學者阿爾弗雷德・金賽（Alfred Kinsey）

人們能公開地、正向地討論它。

金賽教授的調查結果指出，青春期較晚開始的男性，他們的性活動往往也開始得比較晚，且終其一生的性活動頻率都相對較低。所以，如果年輕男性故意降低自己的性愛頻率，以期養精蓄銳留待日後再用，那麼在他後來的人生將永遠得不到滿意的結果，而這正是「熟能生巧」的道理。

《女性性行為》一樣是由金賽教授和他性學研究所的同仁歷經15年、調查分析了近6千名女性後寫成，這本書一方面通過大量的統計資料和分析，揭示了女性性行為的真實情況，另一方面也新增了女性與男性性行為的比較研究，提出了男女性生理和性功能同構、同質、相互對應的基本思想。

書中指出，女性婚前未曾自慰或雖曾自慰卻從未有過高潮的女性中，31%～37%在婚後第一年的性交中無法達到性高潮，且多數人在婚後5年仍達不到；而在婚前有經自慰達到高潮的女性中，這樣情況的人只有13%～48%，研究還指出，婚前有自慰行為的女性不會因此降低她們在婚後性交中達到性高潮的能力，也就是說，婚前曾以自慰方式體驗過性高潮的女性，婚後對於性交會有更好的體驗能力。

海蒂性學報告

美國著名的性社會學家雪兒·海蒂（Shere Hite）在《海蒂性學報告》書中清楚地指出，性事要愉悅，女人不能期望他人施捨，而必須為自己的身體負責，主動去獲得多方的經驗，由自慰到性交、多重性伴侶或是同性戀來了解自己的需要，並透過學習、研究、實踐、改進的過程，且在性活動中要更多主導與互動，專注於全身感受、全心投入找尋快感和高潮，擺脫性事是隱晦、不潔的心理魔障，才可能營造出高品質的性愛經驗。

相比金賽是一名男性，海蒂則為女性，這本書採取匿名問卷的方式對人類的性活動和性心理作生動活潑的描述，是在《金賽性學報告》的數據基礎上使性學研究又向前邁進了一步。

該書第13章「男人對女人高潮的感覺」中一個主題談到「女人應該告訴男人她的需要」，受訪者明確地說道「我喜歡她直接告訴我她希望我怎麼做」，另一個受訪者說「那是她的錯，我又不是她肚子裡的蛔蟲，她得告訴我要怎麼做」、「只要她肯告訴我，我會願意幫忙的」、「如果她不滿足，就應該告訴我」……，可見，許多男人認為女性對於性愛不滿足不是他們的錯，而要怪女人自己，因為女人應該明確地告訴男人她需要什麼？例如說她需要性交以外的陰蒂刺激，如果女人不主動表明如何能讓她們達到更高的性滿足，男人也無可奈何！

海蒂在書中也指出，「目前流行的一種觀點是，女人的高潮是她自己的責任」！

性解放

「性解放」的概念從歐美引進，英文稱作「Sexual revolution」或「Sexual liberation」，中文譯為「性革命」或「性解放」，既然它來自西方，且經歷了半個多世紀的進程，這些國家的人民看待性跟我們有什麼不一樣，以下就先從這些性解放先驅國的性教育談起。

●瑞典的性教育從幼兒園開始

瑞典是一個性自由的國家，早在1950年代瑞典政府相繼採取了色情解禁、口服避孕藥解禁、同居等新的性解放措施，一度在全世界掀起洶湧的波濤。

他們推行的不僅是性革命，同時也進行了性教育，而且是徹底的，成為世界性教育的典範。瑞典的性教育最早從幼兒園開始，對學齡前兒童以分解圖片做說明；中學性教育的第1章是避孕，一開始就教保險套實際操作的方法，他們認為這種教育方法是科學的、客觀的、有用的，極力避免不著邊際或隱晦的說教。

對小學生則傳授性知識，翻開小學高級（10～12歲）的教科書，可以看到在床上赤裸交疊的男女，下位的女性屈膝兩腿張開，手臂摟抱著對方的圖片，學生一邊看插圖老師一邊說明性交的細節。此外，課堂上還展示保險套的使用方法，子宮托、子宮帽、陰道栓劑如何置放，愛撫的技巧、手淫的方法，男女性交的各種體位，以及被強暴時身體及心理該如何處置等，均使用男女裸體的照片配合說明。

推動瑞典性教育的大功臣是成立於1933年名為「瑞典性教育協會」（RFSU）的一個民間組織，它不僅推動立法，促使教育單位正視性教育的重要性，更積極開發相關的教材及教法，培訓性教育師資，讓性教育向廣擴散、向深紮根。

瑞典的性教育肯定性愛可以帶給人們親密愉悅，也尊重年輕人擁有性愛的自由和權利，瑞典社會認同性愛是人類成長的重要經驗，並進一步教導青少年「責任同擔、快樂同享」的原則，例如性愛如果造成意外懷孕，雙方必須共同負起責任，這樣的性教育不但實事求是，也深具男女平權的觀念。

●解放情慾從自戀開始

要愛自己很容易，可以從認識身體開始，除了裸睡、裸體照鏡子、裸體自拍，也可參考西方的天體營。所謂「天體營」指在海灘以「天體」，即褪去身上所有衣物享受日曬、戲水、踏浪等休閒活動，這對習慣、喜歡自由解放的西方人來說是極自然的事，那種呈現無關情慾，如果你習慣面對自己的身體，天體其實就是最自然的真我。

另外要說到對身體的自戀，有個經典人物你不能不認識。

美國藝術家喬治亞．歐姬芙（Georgia Totto O'Keeffe），被譽為20世紀藝術大師。她1920年從農村來到紐約，寄宿在攝影師史蒂格利茲（Alfred Stieglitz）家中的閣樓，紐約市的夏天很熱，閣樓沒冷氣，史蒂格利茲替她買了一架大電扇好讓她消暑，但酷暑仍讓她作畫時汗流浹背，某天，她索性把身上的衣物全卸除，而這個無心的舉動使她頓時有心靈解放的感覺，作畫時更能盡情揮灑。

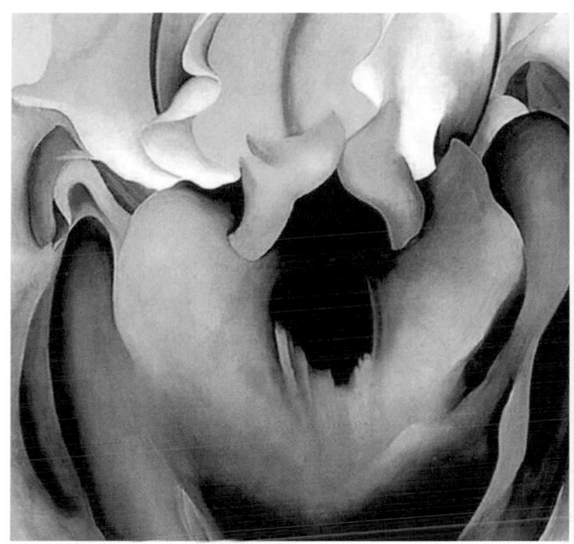

歐姬芙畫作・黑色鳶尾

美國藝術家喬治亞・歐姬芙

史蒂格利茲走進閣樓時撞見裸身作畫的歐姬芙，他心頭為之一震，職業因素使然他立刻抓起相機，歐姬芙依然專心在作畫，史蒂格利茲躺著、站著、蹲著，拍她的正面、背面，甚至躺在地板上從下往上，從各種角度拍攝歐姬芙的裸體，取她最自然生動的樣子。不久他以這些照片舉辦了一場攝影展，旋即在整個紐約藝文界造成大轟動。史蒂格利茲的革命性思維是他不拘泥傳統人像攝影的方式，讓人們從不同角度欣賞女性身體的全貌，歐姬芙也因此才發現自己的美！

正如經由齊柏林的空拍讓我們看見台灣的美，女人經由裸照發現自己身體的美，和歐姬芙初次看見自己身體照片的心情是一樣的，先是驚訝，不敢正視，接下來則是因為好奇而仔細端詳，最後坦然。

透過拍照來「發現自己」可能是很多人未曾有過的經驗，不妨找個機會來一場裸體自拍，從照片中妳會發現原來妳的皮膚那麼美好，妳也終於明白為什麼男人總是那麼迫不急待想褪下妳的衣服，想看妳的身體，吻她，撫摸她，擁抱她，而妳自己始終忽略她，從來不好好正面去注視她。

不要再忽略妳的身體了，拿起手機，切換到自拍模式，調整好心情，和自己的身體來一場親密對話吧！

性革命

伴隨著女權及人權運動，性革命於1960年代開始受到大眾關注，它主要在解放人們基於性別、性傾向、性關係及性行為所受到的不平等對待，涵蓋的面向包括：性別平等、避孕正常化、墮胎合法化、性行為自由化、爭取同性戀權利等。

性革命不是只能追求「性開放」，也可以追求「性保守」。當性開放造成了集體壓迫，追求性保守也同樣是性革命，它的精神應該是：「不管你選擇性保守或是性開放，都是個人自由。」更確切地說是「性自主」。

近代經歷了幾次較為明確爭取性開放的革命浪潮，首先是發生在第一次世界大戰結束後的1920年代；再來是發生在1950年代中後期，一些美國次文化想要進一步探索身體和心靈，並將自我從當代的道德和法律束縛中解放出來；至於1960年代的性革命則源於一種信念，認為性愛應該被視為人的一部分，不該受到性別、道德、宗教和法律的壓制。

一些科學與技術的發展也與性革命的發展有關。1950年代中後期，由於青黴素的發現導致梅毒所造成的死亡率明顯下降，使得婚外性行為增加，也造成了這個時期青少年淋病發病率、非婚生子女數量、青少年性行為快速增加；另外，由於避孕藥於1960年代開發及上市，在美國引起了性倫理及墮胎的爭論，這些爭論逐漸擴大並向外傳播，最終引起了歐美各國的性革命浪潮。

同樣在1960年代早期，女性解放運動與第二波女權運動興起，開始以女性性慾和同性戀等觀念來挑戰傳統價值，這波運動的三大目標為：消除社會對男性過度有利的差別待遇；消除對女性的物化；支持女性選擇性伴侶的權利。一些女權運動者認為，女性能主張自己想要的性行為是實現女性解放很重要的一步，因而鼓勵女性自己決定、享受並嘗試新的性行為方式，包含追求性高潮。

不過，性自由至今仍是一個備受爭議的話題，因為不同的女權主義者持有的性觀點有很大的差異，反色情女權主義者認為性產業、男性主導下的性行為、公開的性展示都是對女權的迫害，因此應該拒絕色情與性開放文化，而性積極女性主義者則認為這些也是女性性自主的一部份。妳覺得呢？

女性的情慾世界

一般人認為女人的情慾很低，對性高潮的需求也不高，然而事實正好相反，女人的情慾具有極旺盛的活力，只可惜一直處在不能大聲張揚的狀態。

對大多數女性來說，自慰是她們達到性高潮的捷徑，一份問卷調查發現， 大多數女性可在幾分鐘內輕易地達到高潮，82%的女性坦言她們會自慰，95%的女性說，只要她們喜歡，隨時隨地可以輕易達到高潮，而且經常如此。

女性自慰多半在獨自一人的情況下進行，且大多數女性是靠摸索來發現自慰的樂趣，一位受訪者說，「我一點都不需要別人教我自慰時該怎麼做，我知道觸摸哪裡最能讓自己高潮！」

根據一份2017年所做的調查顯示，25～29歲女性群交與3P經驗的比例和同齡男性一樣，女性體驗性愉虐（BDSM）、多P、雜交派對的比例更幾乎是男性的兩倍，這個結論推翻「男性比女性熱愛性愛冒險」的假設。某些性學專家認為這種在性自主與性冒險方面的新性別平等原因可能包括：愈來愈多女性外出工作、旅行機會增多、與伴侶分開的時間延長，所以能接觸更多潛在的性伴侶，加上現代女性在財務方面更有餘裕、更獨立，萬一出軌被抓包不會因此把一生都毀了，所以她們敢於冒險；此外，各式各樣的社群媒體平台與電子通訊軟體興起，也讓人們有機會背著另一半「無聲」出軌。但無論如何，展開一段婚外情或只是嘗試一夜情，前提都是當事人有出軌的慾望。

●女性的性高潮

性高潮是在性反應過程中所累積的性緊張遽然釋放，導致骨盆區出現有節奏的肌肉收縮及表露於外的性愉悅。對女性而言，性高潮最有效的方法是對陰蒂進行刺激，其原因在於單是陰蒂頭就有超過8千條感覺神經末梢，這比

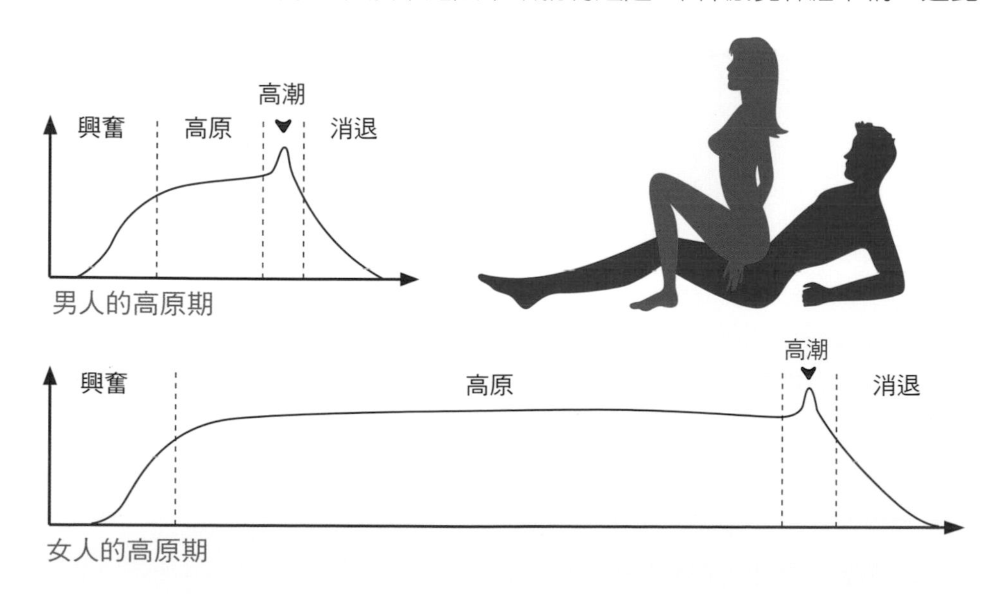

一般男性龜頭甚至整根陰莖所擁有的還要多，據統計，有近八成的女性都以此方式達到高潮。

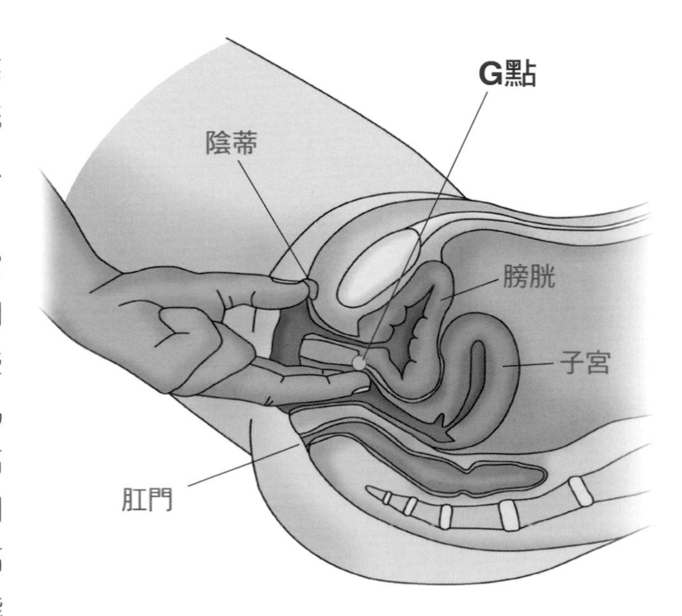

女性的性高潮通常分為陰蒂高潮和陰道高潮（或稱G點高潮），有些女性可通過刺激被稱為「G點」的區域來達到高潮，也有些女性會通過刺激尿道海綿體來產生高潮，因為尿道海綿體可能會沿著陰道上壁延伸至G點，但對多數女性而言，刺激陰道產生的強烈性快感只會偶爾出現，甚至從不曾感受到，原因在於陰道的神經末梢比陰蒂所擁有的少得多，陰道神經末梢主要集中在下1/3處，即接近陰道入口處。

幾乎所有女性都可以同時有多重性高潮，如果在性張力下降至持續期之前再度進行刺激，女性在高潮之後可以很快再一次達到高潮。至於是陰蒂或陰道讓女性更能享受高潮？精神分析學家佛洛伊德指出，陰蒂高潮純粹是青春期出現的一種現象，隨著人們年紀漸大，陰蒂高潮會漸漸轉變成陰道高潮，意即不對陰蒂做出任何刺激就能達到高潮，他認為這才是正常的，並指出陰蒂高潮是不成熟的表現。

性學大師金賽卻批評這個觀點，他表示，他訪談的大多數女性都不是通過刺激陰道來達到高潮，有些女性在運動，如攀繩或引體向上時就能感受到性快感，甚至達到高潮。

女性在高潮來臨之前陰蒂會充血勃起，陰道口亦會呈現濕潤狀態，有些人會因流經皮膚的血液增加使皮膚呈現發紅狀態，稱為性潮紅，當將要達到

高潮時骨盆區會出現一系列的肌肉收縮，陰蒂頭會縮回陰蒂包皮內，小陰唇的顏色亦會變得深沉；隨著高潮接近，陰道的下1/3處會變得緊繃及窄小，但陰道整體卻在膨脹，這兩者皆起因於軟組織的變化。此外，乳房的肌纖維母細胞也會在性活動時使乳頭勃起，以及減少乳暈的直徑，在高潮到來時兩者的程度都會達到高峰。

●社會對女性性慾的刻板印象

傳統社會，不管東西方，除了極少數的母系社會，女人幾乎都是男人的附屬品，「她們」的喜怒哀樂要看「他們」的臉色，即使到了近代，這樣的情況仍沒有多大的翻轉，直到1960年代女權運動興起，女性自主的聲音才漸漸在社會各角落響起。

以往女人的情慾是不允許對外表露的，若不符合「良家婦女」保守寡慾者會被說成蕩婦，某個在社區村里間總是打扮妖艷經常夜歸的女人，不都要承受他人的閒言碎語與指指點點；而傳統女性也因為從小被灌輸要端莊賢淑，婚後最重要的事是幫夫家傳衍香火，為求存在感，孩子一個一個生，日以繼夜忙得不可開交，哪還在乎自己的情慾，對於男人的性需求或是應付了事，看得開的就放男人外出吃草，各自找生活的重心。

及至現代，不管男人女人都極力爭取性自主，對女人情慾的傳統印象僅還在極少數保守派人士心中殘存，君不見，現在各類傳播媒體、網紅、直播主，哪個不是勇於袒胸爆乳搏流量，無法接受這些就要被說成老派；只能說，在現代社會敢說、敢脫才是王道，不與情慾合流的暫且退到一邊涼快，或許等到哪一天人們看膩了這些清涼，小清新又會重新當道。

●兩性平等的概念也適用於性行為

性經常被當作不重要與粗俗的議題，事實上如何運用自己的身體與他人發生關係是極具生命意義的課題。

長久以來，社會都將性的概念簡單的歸入生育活動，將性的定義局限在固定模式，即前戲之後產生交媾行為，直至男性高潮射精後結束，而新世紀的性關係早就突破這種狹隘的生育模式，而是可以按照內心所希望的任何方式建立自己的性親密型態。

大多數女性在自慰時極易獲得高潮，但傳統觀點往往將「陰蒂刺激」排除在性高潮之外，這暗示著女人必須讓陰莖插入陰道才得以獲得高潮，這無異說明女性的性高潮不如男性的性高潮重要？

女性需求性高潮毫無過錯，但女性尋求性高潮的壓力使她們即使是在最隱密的時刻也會感受到社會的排斥與壓力，對此，新時代女性要勇敢拋開這種成見，大聲說出「我要性高潮，沒有男人也可以」，因為需要改變的不是女人，而是這個社會！

CH 2 男人的性生理

男人的性心理，包括戀母情結、性幻想、窺淫癖……，皆來源於男人的性生理作祟；要了解男人的情慾世界，必須先從男人的性生理著手，才能正確理解男人的情慾根源。

陰莖

陰莖可分為頭、體和根三部分，後端為陰莖根，藏於陰囊和會陰部皮膚的深處，固定於恥骨下支和坐骨支；中段為陰莖體，充血時呈圓柱形，以韌帶懸於恥骨聯合的前下方；前端膨大的部分為陰莖頭，即龜頭，尖端有矢狀較狹窄的尿道外口，龜頭後部較細處為陰莖頸，即冠狀溝。

陰莖具有勃起性，經刺激充血後可迅速增大、變硬，它主要由兩個陰莖海綿體和一個尿道海綿體組成，外面以筋膜和皮膚包圍，陰莖海綿體為兩端細的圓柱體，左右各一，位於陰莖背側，兩者緊密結合向前延伸，尖端變細，嵌入陰莖頭後的凹陷內，其後端左右分離，稱為陰莖腳，分別附於兩側恥骨下支和坐骨支；尿道海綿體位於陰莖海綿體的腹側，尿道貫穿其間，中段呈圓柱形，後端膨大處稱為尿道球，位於兩陰莖腳之間，固定在尿生殖膈下面。

海綿體外覆著一層厚而緻密的纖維膜，分別為陰莖海綿體白膜和尿道海綿體白膜，海綿體內部由許多海綿體小梁和腔隙構成，腔隙是與血管相通的竇隙，當腔隙充血時陰莖變粗、變硬而勃起。三個海綿體外包有淺、深陰莖筋膜和皮膚，海綿體如果發育不平均，就會造成陰莖彎曲，或向左側彎、或向右側彎。

陰莖的皮膚薄而柔軟富伸展性，皮下無脂肪組織，在頭和頸處與深層緊密貼附，其餘部分則疏鬆易於游離，陰莖皮膚自頸處向前反折游離，形成包覆陰莖頭的雙層環形皮膚皺襞，即陰莖包皮，包皮的前端圍成包皮口，在陰莖頭腹側中線上，連於尿道外口下端與包皮之間的皮膚皺襞稱為包皮繫帶，作包皮環切時應注意勿傷及包皮繫帶，以免影響陰莖的正常勃起。

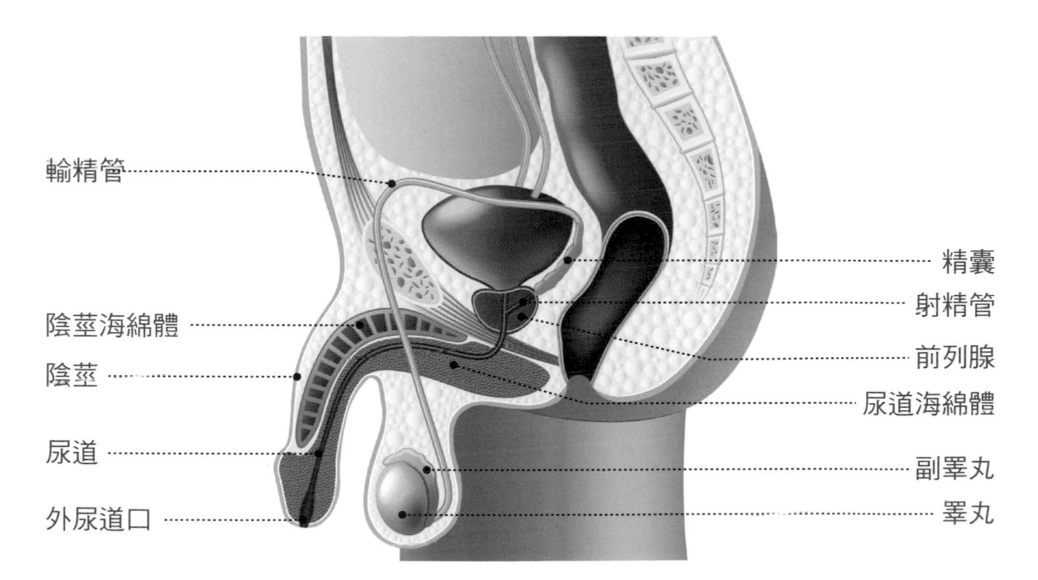

男性生殖器構造解剖圖

●陰莖的外觀與種族、身高的關係

陰莖尺寸指陰莖在疲軟或勃起時的長度和週長，但因測量方法不同，陰莖在不同溫度、時間、性生活頻率、興奮程度等狀況時也有變化，因此陰莖長度的數據並不精確，而疲軟時長度的精確度小於勃起長度。

成熟男性的陰莖勃起後長度約為9～16公分（以硬尺在陰莖上方按壓脂肪層，從恥骨計起），勃起後週長約8～14公分，勃起長度若短於7公分在醫學上被認定為短小陰莖。陰莖的大小因人而異，與高矮胖瘦及種族並無絕對相關。

男性陰莖的發育和身體其他部位一樣，沒有固定的開始或結束年齡，但一般而言屆齡青春期後期（約20歲）陰莖便已完全發育，基因和環境因素可決定陰莖的大小，一些激素和影響體內激素濃度的非激素也會影響陰莖的生長；和其他大型靈長類動物如大猩猩相比，雄性人類的陰莖在身體比例和絕對大小方面都是最大的，這大概也符合「用進廢退」的生物學原理。

●「左宗棠」？「于右任」？

陰莖俗稱「老二」，男人像愛物一樣熱愛自己的「老二」，也希望女人同樣愛它。當兵洗澡時男人會互比「老二」的長短大小，甚至手淫互相比較射精的距離，在洗三溫暖、泡溫泉時也會不經意偷看別人「老二」的大小。

台灣男人陰莖的長度在未勃起時平均為5～10公分，勃起時約13～18公分。男人陰

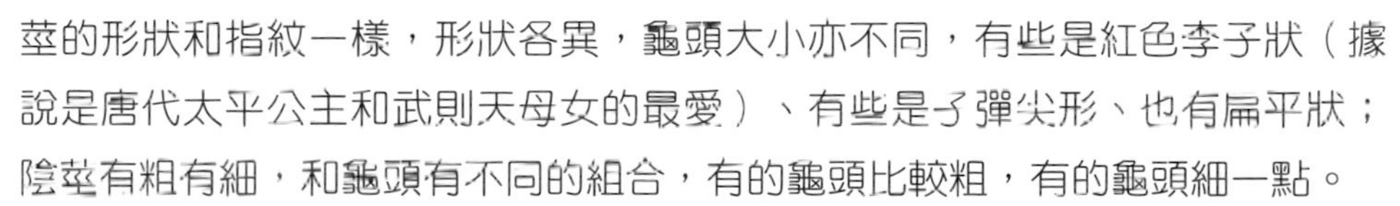

莖的形狀和指紋一樣，形狀各異，龜頭大小亦不同，有些是紅色李子狀（據說是唐代太平公主和武則天母女的最愛）、有些是子彈尖形、也有扁平狀；陰莖有粗有細，和龜頭有不同的組合，有的龜頭比較粗，有的龜頭細一點。

勃起時有的往左彎被戲稱「左宗棠」，往右屈俗稱「于右任」，為什麼會這樣？是天生的嗎？不是！男嬰出生時陰莖是短短直直向前的，長大後因為要穿褲子，但沒人在褲檔設計出裝陰莖的袋子，陰莖便被隨意擺，擺在右邊習慣了便向右歪，擺在左邊習慣了便向左歪，久之便造成勃起時形狀呈左彎或右屈，但不管偏左偏右都是正常。

陰莖的長短粗細和身高基本無關，就如同女人胸部罩杯大小和身高是兩回事，全由母親的基因決定，但陰莖長短則有種族的差別，某些種族的白人及某些種族的黑人陰莖的確比亞洲人長，長度甚至能達到18～25公分。

●陰莖的哪個部位最敏感？

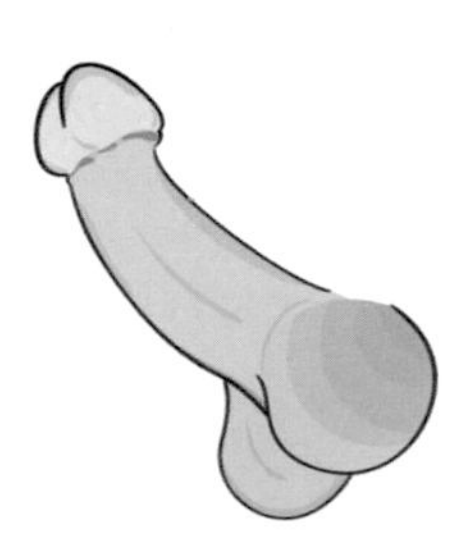

男性性器官的主要敏感區域是陰莖（包括龜頭和陰莖體）、陰囊、大腿根部及會陰等處，而陰莖上的包皮繫帶更是重要的敏感地帶。

陰部感覺神經最重要的分支是陰莖背神經，主要分布在陰莖背側，負責龜頭和陰莖皮膚的感覺，陰莖背神經的一個小分支專門分布到包皮繫帶上，所以包皮繫帶對外界刺激十分敏感，是男性最重要的性敏感區。

那要如何有效刺激包皮繫帶才能給男性帶來充分的性愉悅呢？其實包皮繫帶對性刺激的反應與女性陰蒂類似，直接、較強的刺激會造成不舒服，用間接、輕柔的刺激手法來按壓、摩擦，可有事半功倍的性刺激效果，若以口輔助效果更好；不適當的刺激包皮繫帶不僅不能帶來性快感，還會導致撕裂或斷裂，引起疼痛和出血，嚴重者可能需要手術處理。

●睪丸皺摺的調溫功能是上帝的超完美設計

睪丸必須在低於體溫的情況才能產生正常的精子，體溫太高精子就難以產生，該男性就有可能失去生育能力。如果男性經常穿緊身褲，睪丸因此被包緊，溫度提高到和體溫一樣的37℃，就會對精子的數量和質量造成破壞。長時間在燥熱環境下工作的人，如廚師、鍋爐工人，就容易因為高熱而影響生殖能力。

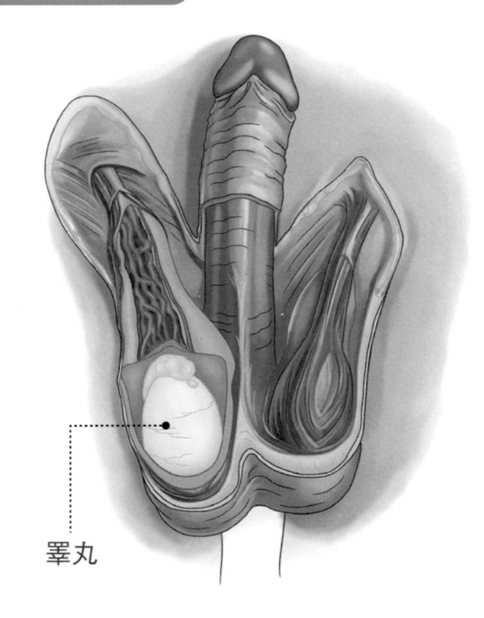

陰囊的表皮為深褐色，是上帝精心設計超完美的智慧型精蟲防熱防寒袋。因為精蟲很脆弱，溫度太高會死亡，太低會失去活力，所以天熱時陰囊表皮會放鬆變薄下垂，一方面有利散熱，也讓睪丸遠離溫熱的腹腔；天冷時陰囊表皮會皺縮變厚，把睪丸往上提，讓它貼著腹腔取暖。對於這個神奇的人體設計，我們不禁要感謝上帝，讚美上帝！

女人的陰蒂等同男人的龜頭

男性的陰莖與女性的陰蒂胚胎期源於同一組織，而我們常看到的陰蒂並非全貌，上方大約還有2～3公分才是完整的陰蒂，在胚胎發育初期男女都有這個組織，男性發展成陰莖，女性發展成陰蒂，女性和男性陰囊相對應的部位是陰唇，睪丸和卵巢則是由同一組織發育而成。

我們平常看到的外露陰蒂相當於男性的龜頭，同樣是會充血的敏感地帶。如同男性龜頭以包皮包覆，包裹女性陰蒂的皮膚其實也稱為包皮，陰蒂和陰莖一樣也會勃起，是大多數女性最易感到性敏感的部位。一般來說，陰蒂外露部分直徑約0.3～1公分，但個別差異很大，如同陰莖有長有短。

不同於陽具崇拜是人類重要文化，陰蒂卻被視為不潔。某些非洲國家至今仍執行「女性割禮」，是指將女性陰蒂、大小陰唇全部割除，少女在未成年時就接受殘酷血腥的私處切割，不但有生命危險，且終身無法享受性快感。

陰蒂神經密度比男性龜頭週圍組織多出6～10倍，單單刺激陰蒂就可以達到性高潮，它是人類唯一為了體驗性快感而存在的器官。陰蒂和男性包皮一樣易藏汙納垢，應保持清潔，但用清水洗就可以了，用了過多偏酸性的清潔液反而對陰道健康不利。

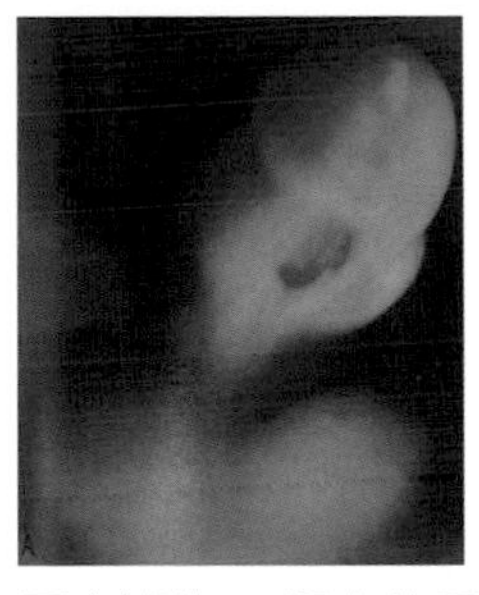
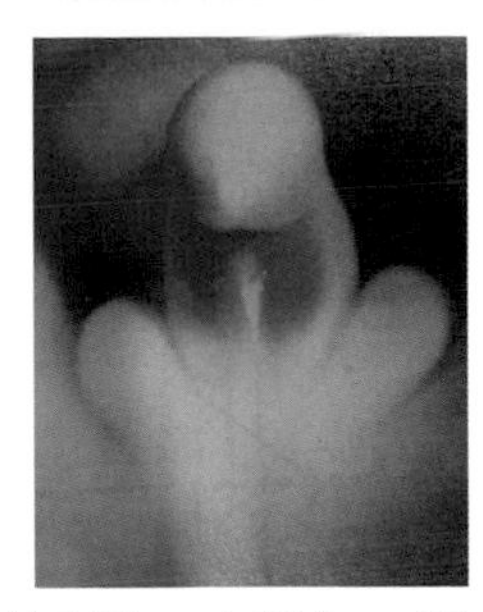

圖左邊為12週大的男性胚胎，右邊為11週大的女性胚胎，陰蒂在胚胎初期往往比陰莖長，二者為同源器官，男性利用撫慰陰莖來取悅自己，女性用撫慰陰蒂來娛樂自己也是理所當然。

（照片及內容取材自Langman's medical Embryology）

●陰莖大檢測：香蕉型、甜筒型、彩椒型、鉛筆型……，你是哪一型？

男人的陰莖都長得一樣嗎？雖是大同小異，但仔細觀察仍能發現有所不同：

1.鉛筆型：特徵為長又細且龜頭狹窄，雖然長度正常或偏長，但見長不見粗，粗細度通常比平均值小。

2.彩椒型：長度約7～10公分，莖體較粗，約有15%的男性屬於此型。

3.甜筒型：頭細根粗，此型陰莖可能伴隨包皮過長而出現「包莖」的情形，易因陰莖充血範圍受限而影響勃起。

4.香蕉型：外觀呈彎曲形，多為先天造成，也可能是受傷或是罹患佩羅尼氏病引起的。

5.鐵鎚型：根細頭粗，這類陰莖看似壯實，但因受到地心引力的影響，勃起時會有困難，可說中看不重用。

6.香腸型：這是黃種人中最常見的類型，粗細度和長度皆為標準。

7.小黃瓜型：這屬於偏長但較不堅挺的類型，白色人種中常見，最長可達20公分左右。

見識了這麼多不同長相的陰莖，趕快看看它屬於哪一型？但不管外型如何且先別氣餒，因為功能其實是差不多的，不必羨他人之長、憂自己之短，兵器在利，不在長短，誰說勝負是以公分計！

●陰莖的長短、粗細與性交時的快感有沒有相關？

許多台灣女性對與外國人交往、做愛抱著憧憬，常聽聞某國外短期來台工作或是學中文的男人，尤其是年輕的，女人們便趨之若鶩，一個一個自動投懷送抱，即使明知該男同時擁有多位性伴侶也不在乎，相互間似乎不必有長相廝守的承諾。這讓許多人不禁想一探究竟，和外國人做愛真的比較爽嗎？

我認識不少外國朋友，私下我會打開天窗和他們聊聊在台灣的性經驗，他們幾乎沒有例外談起在台期間交女友的情況，個個眉飛色舞，對台灣女人大膽主動的配合度讚不絕口，「台灣女人體貼，對人照顧入微，吃喝玩樂很樂於主動付錢」，開始時他們受寵若驚，但很快就習以為常了。

根據他們的經驗，他們大致同意台灣女性和他們認識後似乎就很期待上床，而且在床上很主動，配合度很高，很喜歡把玩他們的陰莖，也會介紹朋友和他們上床，或一起上床做愛，搞多P。

問他們，「和白種女人做愛相比，感受有什麼不同？」、「比較喜歡和台灣女人做愛嗎？」他們的回答是，「哈哈，兩者都喜歡，但白種女人陰道比較深，陰莖可以全根進入，與台灣女人做愛常常只能插入2/3，留一截在外面，不是很過癮。不過看她們很快樂、很激情，我也很高興！」也有的說，「有的女人陰道窄，我的陰莖比較粗，她們會痛，但生過小孩的年輕女人就不會有問題！」

再聽聽「ㄈㄈ尺」（英文字CCR（Cross Cultural Romance）的火星文變種，指異國戀）的經驗：「我專挑外國男人交往，和外國人相處不嚕嗦，不多話，比較不會生氣；做愛溫柔，體型壯碩，陽具很大、很長，可以從不同角度嚐試各種姿勢變化。他們的陰莖很長，當插入時我還可以用手握住露在外面的一截陰莖，很刺激，我尤其喜歡男人胸前濃密捲曲的胸毛，性感地令我想要尖叫！」

●陰莖的粗細、長短、軟硬、持久，哪樣對做愛的快感更重要？

台灣女性陰道長度約8～12公分，男性陰莖長度約13～18公分，所以男人陰莖的長度是足夠的；至於粗細，一般來說在男人這邊不會是問題，因為女人的陰道很有彈性，但若論性交的快感，因為女性陰道最敏感的神經叢在入口的前1/3段，G點也在前壁入口3～5公分處，男性陰莖不論長短都可碰觸到，所以在創造女人快感這件事上，陰莖的長短不會是問題。

至於軟硬度就很重要了，相信有性交經驗的女性都曾深深體會，當陰莖插入的當下，陰道可以感覺到陰莖的硬度，堅實的陰莖帶給陰道的感受是相當令人愉悅的。所以硬度對做愛的感受很重要，外國人的陰莖雖然比較長，但往往無法太堅硬，可說中看不中用。

而男人勃起時間是否越久越好？這是當然的，也是做愛雙方的共同期待，勃起越久女人能享受越多，雙方也可以有時間變換各種姿勢，越可能達到高潮！

●幾乎所有男人都喜歡被舌舔陰莖！

大家應該都知道美國白宮實習生呂文斯基在橢圓形辦公室舔食前總統柯林頓陰莖的緋聞，此事可說轟動全球，但你以為只有柯林頓有此癖好嗎？其實好此道者大有人在！挑逗男人性慾的第一步就是從學習舌舔男人陰莖入手。

男人為什麼喜歡口交？其實不是因為陰莖在女人口腔中的感覺比在陰道裡舒服、刺激，男人陰莖放入陰道的感覺是佔有女人的身體，而口交在心理上征服女性的感覺則更加強烈。

男人將陰莖放入女人嘴裡，在於放心且肆無忌憚享受這個女人，表示這個女人已經完全屬於他，讓男人有更強烈的征服感和優越感；色情影片中幾乎片片不脫離口交鏡頭，這也是讓男人沉迷於色情影片、無法拒絕口交的原因所在。

高潮對話

口交算性交嗎？

在法律意義上性交的意義是「以性器進入他人之性器、肛門或口腔，或使之接合之行為。」但若論「情」不論「法」，口交的愉悅感肯定不下於性交。

根據一份針對大學生的調查顯示，大多數人都同意陰莖與陰道結合是性行為，但只有不到兩成的人認為口腔與生殖器接觸算是「性行為」。這種關於口交是否構成性行為的觀點從20世紀末開始有了顯著的轉變，當時有個類似的調查發現，約有40%的年輕成人將口腔與生殖器的接觸定義為性行為。研究人員指出，美國前總統柯林頓緋聞事件名言「我與那位女士沒有性關係」，被認為是社會對於口交觀點改變的重要轉折，這個轉變被稱為「柯林頓・呂文斯基」效應。要注意的是，我國刑法將口交判定為性行為。

勃起

性慾起自大腦，當男人看到女人的性感部位會激起下視丘活動，這個訊息迅即由電流傳到脊髓的下段，脊髓的神經元會產生一氧化氮激發其他化學元素，放鬆血管壁的平滑肌細胞並擴張血管，血流迅即灌入陰莖海綿體的幾千個小洞，把陰莖的血液量變成平時的6倍之多，隨即關閉靜脈血管的出口，讓血液充滿並留在血管裡而造成勃起；直接刺激陰莖也可以促成勃起，陰莖的神經受到刺激，快感也會逆向傳回脊髓，促成脊髓傳送訊息給陰莖，讓血管准許血液大量流入血管及海綿體而造成勃起。所以，用手撥弄男人的陰莖或是把陰莖含進口中挑逗，都可以讓男人勃起！

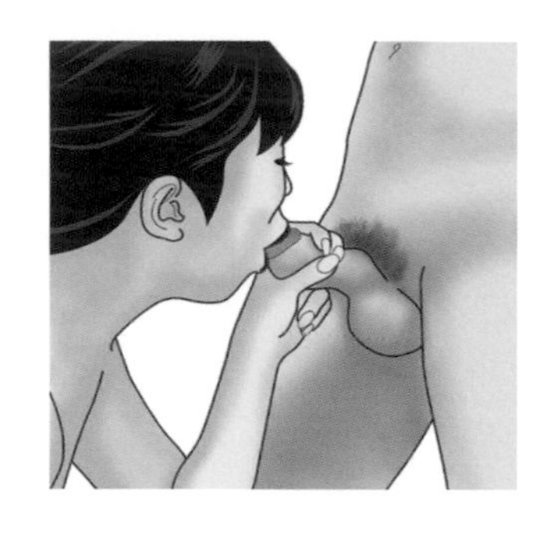

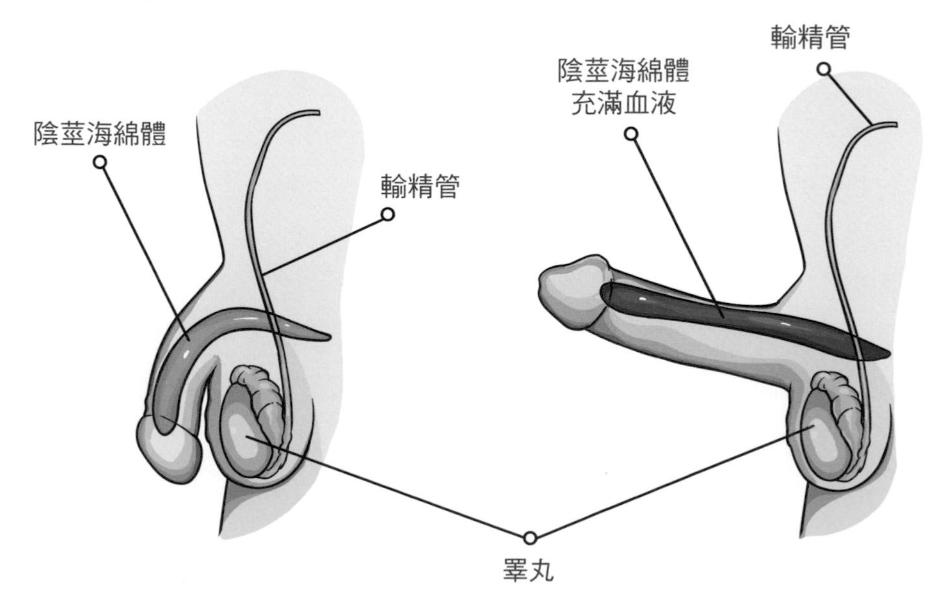

陰莖正常勃起需有以下四個條件，缺一不可：

1.健全的神經反射通路。

2.正常的內分泌功能。

3.充分的動脈血輸入和有力阻斷靜脈血液流出。

4.正常的陰莖生理結構。

勃起的本質就是血管充血反應，血液循環系統若出了毛病，如心臟不好的人就會造成陰莖勃起不良。在陰莖勃起後，龜頭和尿道海綿體提供體積，一對陰莖海綿體提供硬度，在顯微鏡下看海綿體會發現在鬆弛狀態時有不明顯的間隙，這也是為什麼當血液充盈時陰莖會變大的原因，但血液也不會無止境的充盈，當血液供應達到陰莖所需要的硬度時，陰莖內靜脈血管瓣膜部分關閉，並限制靜脈血液回流，這樣就完成了一次勃起。

當男人不能自然勃起怎麼辦？

男人最糗的經驗是在女人已經準備好讓你插入的當下不能勃起，其實每個男人多少都會有這樣的情況。根據調查，男人在十次做愛中就有一次不能如願勃起！精神方面最常見的原因可能是用腦過度或有事煩憂、心理有沉重的壓力，生理上可能是工作體力消耗大、運動過激等。

女人這時要如何幫助男人呢？先溫柔的幫他洗個熱水澡，再幫他按摩舒壓，然後愛撫陰莖、輕舔陰囊，十之八九陰莖會自動勃起。

●早起的鳥兒有蟲吃，談「晨勃」

「晨勃」是男人在清晨的自然勃起，大部分新婚女性都會發現老公經常在清晨4～7點之間褲襠搭起了帳篷，原來是男人的陰莖又勃起了。男人在經過一夜舒眠後，清晨時分會分泌大量的睪固酮使得性慾突然升高。

男人的陰莖勃起緣於血液動力學，是大量血液流入海綿體，通常是由於大腦皮質受到外界刺激，下達指令給腰骶部的勃起神經中樞發出勃起的衝動，但「晨勃」不需要來自外界的性刺激，而是陰莖在無意識狀態下，不受情景、動作、思維控制而產生的自然勃起。青春期後男性每天晚上會有3～5次勃起，每次勃起平均為15分鐘，但也有長達1小時的，只要神經、血管及陰莖海綿體的結構與功能正常，就會有這種現象。

英文裡有個名詞叫做「morning wood」，直譯是「早晨的木頭」，指的就是男人清晨「一柱擎天」的狀態，聰明的女性要懂得善用男人的晨勃。當男人夜晚倒頭即睡，妳可以在他舒服的睡上一晚之後，利用他晨勃的時刻雲雨一番，這時他體力充沛，保證讓妳盡興。

一位42歲風姿綽約身段姣好的女人說，她與一個22歲的男大生同居，男生每天睡飽之後清晨醒來就脫下內褲，掏出堅硬如木頭的陰莖直搗她的陰道，她說每次插入的剎那「心臟都像是要從口中跳出來」，她的經驗給妳參考！

●男女性慾的大功臣——雄性激素

許多人都不知道女性體內也有雄性激素（男性荷爾蒙），女性大腦內的情慾中樞必須經由雄性激素刺激才能誘發，這是千真萬確的事，有趣吧！

適量的雄性激素在女性身上可喚起性慾與性功能，使妳正向思考，提升規劃和整合能力、強化肌肉、增加體力，過量則會造成多毛、痤瘡（青春痘）、多囊性卵巢症候群、不孕、男性化等症狀。所以更年期女性為了延長青春而使用女性荷爾蒙的同時，也應該每天補充少量的黃體荷爾蒙及男性荷爾蒙，黃體荷爾蒙能抑制子宮內膜過度增厚，男性荷爾蒙可促進性慾，保持活力，使得情緒正向，減少憂鬱情緒，所以**完美的回春處方除了服用女性荷爾蒙，還得加上少量的男性荷爾蒙，使女人無論在生理及心理上都能維持在青春時期的狀態。**

尤其熟齡後仍要繼續維持性生活，且要如同在年輕時一樣充分享受性愛，而想要在做愛時陰道能分泌足夠的愛液，妳就必須同時使用少量的男性荷爾蒙，它能使妳的性慾像年輕時一樣旺盛，尤其是女人比男人年齡大的情況更是需要。畢竟，完美的性生活除了充沛的荷爾蒙之外，強烈的性慾是絕對必要的。（以上引自《親愛的荷小姐》，王馨世，天下生活）

什麼情況叫「陽萎」？

男人的陰莖有一半以上次數完全不能勃起、或是勃起時軟弱無法插入、或中途變軟無法完成性交即稱為陽萎，根據「美國國家腎臟與泌尿疾病資訊檔案」的資料顯示，40歲以上男人大約有1%不能勃起，60歲以上有17%，70歲以上有48%不能勃起，但根據研究有一半以上的男人每週仍然可有一次性生活，至於精蟲是否仍能有效讓女人懷孕則必須具備以下條件：健康的身體及強烈的性慾望，並且從年輕起到60歲之後仍持續不間斷做愛才行，否則性器官會「用進廢退」，且是恢復不了的！

醫藥科技對男「性」的重大貢獻

避孕藥讓人們享受性愛可免後顧之憂，而威而鋼、樂威壯、犀利士等三種治療陽萎的神奇藥丸讓男人得以再振雄風！

	威而鋼	樂威壯	犀利士
服藥時間	事前1小時	事前1小時	事前1小時
發揮藥效時間	約30～60分鐘	約15～30分鐘	約30～45分鐘
藥效作用時間	約4～5小時	約4～5小時	約24～36小時
特點	勃起硬度較優	藥效反應時間較快，對嚴重糖尿病患者也有效	藥物作用時間較長，行房較不受時間限制

射精

射精的生理過程可分為精液泄入後尿道、膀胱頸關閉及後尿道的精液向體外射出等三個步驟。射精的神經中樞在脊髓胸腰段，通過陰部神經傳入刺激後到達中樞，再經過傳出神經通過腹下神經及膀胱神經叢，使附睪、輸精管、精囊、前列腺及球海綿體的平滑肌收縮，使精液流入後尿道。由於貯存在後尿道的精液量增加，通過神經反射使尿道及週圍會陰肌群發生收縮而射精，此時膀胱頸也受交感神經的控制而發生收縮。

在射精過程中，陰莖海綿體是參與勃起機制的組織，而尿道、尿道海綿體則與泄精和性慾高潮有關。在男性性興奮期，勃起的陰莖將尿道拉長，原本彎曲的管道變直，尿道的横徑可增加為原來的兩倍，尿道球部形成較靜止期大三倍的腔室，尿道口隨刺激而張開。

性交時，交感神經興奮釋放大量的去甲腎上腺素，使附睪尾部向輸精管方向輸送精子加速。在交感神經所釋放的去甲腎上腺素作用下，附睪、輸精管、射精管發生相繼的協調性收縮，且為節律性的強收縮，把精液驅入後尿道，輸精管液可直接注入後尿道而不需進入精囊內。

交感神經興奮可使前列腺平滑肌收縮，前列腺液排出，膀胱括約肌收縮，精液排入尿道，膀胱頸反射性關閉可防止精液逆向進入膀胱，同時防止尿液進入尿道，此時在會陰部大部分肌群的協同作用下，使精液通過尿道射出體外。與此同時，伴隨尿道球部發生節律性收縮而產生欣快的感覺，開始為2～3次非常強烈的收縮，隨後是幾次較弱的收縮，欣快感及性高潮的程度因精神狀態和性興奮強度、時間不同而有異。

勃起消退可分為兩個階段：首先是陰莖快速復歸，喪失硬度，體積約為高潮期的50%；其次是陰莖回復到萎軟狀態，此階段時間長短有年齡上的差異，有的可持續到不應期過後很長一段時間，有的迅即恢復平常的狀態。

●射精的馬達，生產精液的工廠——前列腺

前列腺又稱攝護腺，是男性特有的器官，為男性體內一個如核桃大小的腺體，位於膀胱下端，包圍著尿道，男性排尿時尿液會從前列腺經過，它的主要功能是儲存前列腺液，這種液體與精子結合形成生育所需的精液，前列腺若出問題就可能影響男性的生育功能。

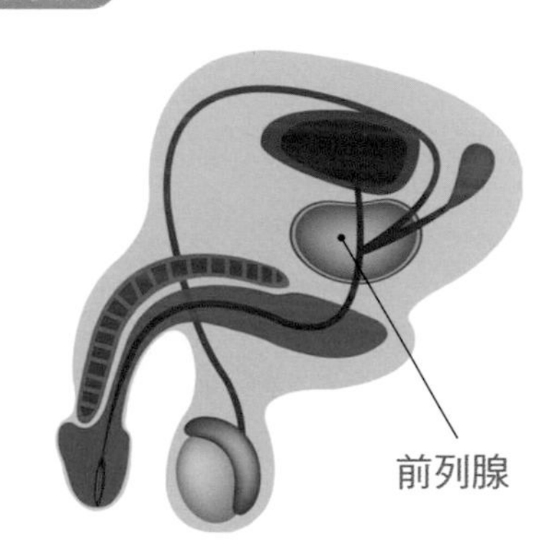

●結紮會不會影響性功能？

男性結紮後遺症很少，可能只是出血、血腫、感染及疼痛等輕微症狀，一般不會有太大問題，但有人擔心輸精管結紮後會影響射精及性快感，也有少數人術後會發生早洩等不同程度的性功能障礙，這主要是心理因素影響，因為輸精管結紮後照樣能射精，只是精液中沒有精子，那麼精蟲跑到哪裡去了呢？答案是被睪丸的組織吸收成養分了。

輸精管結紮並不會損傷睪丸，睪丸仍能繼續產生精子和分泌性激素，以維持男性正常的性功能並保持第二性徵，所以想結紮的男性不必擔心術後會

喪失性能力，或出現早洩、陽痿等現象。

輸精管結紮後兩個月內仍要避孕，至少要經過10次的射精才會將殘存在終端的精蟲完全排除乾淨。

男人一天/月最多可射精幾次？頻繁射精會不會傷身？

簡單的說，男人一天可勃起幾次就可以射精幾次！但射精一次可能要消耗2000卡路里以上的熱量，所以男人在射精瞬間會耗盡體力，彷彿靈魂出竅頓時虛脫，腦中一片空白，當下體力盡失！此刻是男人最脆弱也是最缺乏警覺性的時候，所以在許多諜報電影中，身材矯健的美麗女特務總是在這時下手。

20歲以下的男人射精後躺著小憩，約1小時內可恢復戰力；30歲以下需要2小時；30歲以上可能需要4小時；40歲以上需要8小時；60歲以上吃1顆威而鋼4個小時內可勃起兩次，24小時內另一個4小時再服1顆威而鋼可再度勃起，再做兩次。所以一天能射精幾次要靠天時地利人和的調和。

至於男人一個月最多可射精幾次？答案是只要男人有能力勃起幾次就可以射精幾次，沒有限制的必要，如果到了極限，陰莖自然就不能勃起，不會再射精，所以不必擔心會射精太多次！

坊間傳說縱慾會傷腎、損視力，甚至「精盡而亡」？這並不合乎現代醫學的實證研究。正確的觀念是，做愛射精是消耗大量體力的活動，像快跑一樣，累了、體力用盡了就休息，補充養分即可恢復原有體能，不會傷害身體或任何器官！

手淫

手淫又稱「自慰」，指用手撫摸自己的外生殖器，使生理及心理得到滿足的一種現象。手淫在青少年階段是一種普遍現象，男孩在12～14歲以後性器官開始發育，陰莖逐漸增長，睪丸體積增大，陰毛陸續長出，陰囊表皮顏色變深且形成皺褶。當男孩發現自己身體的這些變化，並體驗到自身的性興奮開始增強，會覺得十分驚奇，尤其是對外生殖器更是好奇。

有些男孩便有意無意用手撫弄自己或他人的外生殖器，並在同齡夥伴中談論這些話題。曾有學者做過一項調查，有75%的男孩和57%的女孩曾嘗試手淫，手淫的年齡多數從12～16歲開始，這與開始有遺精的年齡吻合。

現代人由於營養充足，性發育成熟時間大為提早，青少年在性發育成熟後到合法或被社會觀念普遍接受能擁有性伴侶仍有一段「空窗期」，對於沒

有正常性伴侶的青少年，手淫對身心健康是正向的，可將之視為性衝動能量的正常宣洩。

適當手淫其實是維持男性性生理正常且必要的方法，在一些針對老年後仍擁有較強性能力的男性所做的調查顯示，他們在年輕時都有頻率較為正常的性生活，包括手淫。在生理上，男性產生、製造精子的主要目的是執行生育任務，傳統觀念認為過度洩精會傷元氣，其實這是錯誤的，因為精子存在體內2～3天內沒有排出就會被身體吸收，從而生成新的精子，所以精子不排出才是真正的浪費。

社會都比較注意男性會手淫而忽略女性也普遍有手淫的習慣，根據調查，80%的女性有過手淫的經驗，女性手淫不會產生生理或心理上的問題，反而可以紓壓、自娛，尤其是單身未婚者在枕畔無人的情況下，手淫可適度滿足對性的需求。

未婚男女每月手淫1～2次並不會影響健康，自然的性慾需求是一種能量，當它積聚到一定程度就應該有合理的宣洩管道，但如果只是為了追求性刺激，不顧身體的實際情況，強迫自己進行性交或手淫，這就是對身體的摧殘，也是透支自己日後的健康。

●歐洲有專為男人開設的手淫店

性的遊戲五花八門，這在商人眼中就是生意。在性較為開放的歐洲，一種專為男性開設的手淫店，成為男人的另一處性愛遊戲間。這種店不需要大空間，甚至連辦事的房間都不需要，只需一個一個小隔間，服務的人在隔間內，不露臉，而在外面接受服務的客人，將他的下身貼近隔間牆面，當然，在他陰莖高度的牆面會有一個開口，透過這個管道，服務者與被服務者不需照面就輕鬆完成一筆交易，皆大歡喜。

反之，若男客有性交需求，牆面的開口會伸出女性服務者的下半身，張開雙腿，男客以站姿完成交易，雙方一樣不需照面，這種服務方式以現代需求快速的商業模式來說，應該就是類似「得來速」，方便極了，輕鬆解決需求，讚！

歐洲手淫店

但享受性服務也不一定要如此克難，可以找一家店舒舒服服地躺下，任意選擇「全套」或「半套」的服務，一名男網友之前光顧德國妓院，他在PTT分享詳細的經驗，簡錄如下。

進到妓院後看到每個女生都只穿胸罩和吊帶褲襪，清一色長腿大胸部，一長列的美女排排站讓客人挑選。他挑了一位來自東歐的25歲女生，身高175、擁有一頭黑髮，傲人的上圍，費用：半套（按摩+手淫）30分鐘70歐元，全套（有浴缸的殘廢澡+按摩+性交）1小時200歐元；外賣服務部分，市區內1小時150歐元、外縣市視路程增加費用。

男網友說，選「半套」小姐會先幫客人按摩，然後戴上保險套，接著輕吻客人的上身、刺激客人的奶頭、咬遍客人全身，「她會把你的『老二』在她的外陰部摩擦，無論是傳教士或女上男下，各種花招都有，甚至在你面前自慰，大力搓揉陰唇，發出歐美A片中那種女性的嘶吼聲，並用穿著絲襪的長腿挑逗你，極盡香豔之能事。」「全套」則先洗澡，小姐負責伺候客人的「老二」，而客人儘管對小姐上下齊手，一陣子後就會上床進入主題，最後以按摩作結。

男網友強調，小姐比客人還在乎安全，不僅「全套」要戴保險套，「半套」也是，且幾乎整個過程她都會注意客人的保險套有沒有滑落，並且絕不親嘴。

男人對女人使用按摩棒自慰的看法

越來越多女性利用網路訂購情趣用品，業者說近年來網購的數量已經超越店面，而網購以女性居多，大概可以推斷女性比較不好意思走進店面，但究其原因是女性性自主意識抬頭，其次和同性伴侶增加也有關係。市面上各類情趣用品絕大部分是設計給女人用的，雖然與男人交合性器加上肌膚的相擁貼觸、耳鬢廝磨能讓兩人把快感一起推向高潮，但在大多數情況，兩性做愛只有少數女人會有淋漓盡致的快感，能達到高潮的機會不多，但利用情趣用品幾乎每回都能獲得十足的性快感，且十之八九可隨心所欲達到高潮！

情趣用品的產生從歷史來看原就是為取悅女性而設計，最早是木頭做的假陰莖，後來有石頭刻成微妙微肖的石陰莖，但與其說是用來取悅女人，不如說男人也想在那當下得到快感！尤其在古代一夫多妻制度下，一個男人服務多個女人時，人工陰莖等各種用來協助增添女人情趣的用具是必需的，且相當盛行，而當時是以可伸入陰道的陽具為主。

進入一夫一妻時代，男人便很少買情趣用品給女人，儘管常言「男人期望女人平常是淑女，床上變蕩婦」，但實際上在家要求老婆變蕩婦成功者恐怕少之又少，也許是男人的自信心不足，怕老婆淫蕩會紅杏出牆吧！因此男人多把「家事」當成例行公事，而不會認真關切老婆的性慾是不是得到滿足。

當然，凡事不能一概而論，把天下的男人都認為不在乎女人的性需求也不盡然合於事實，有許多男人到處訪求有助勃起的祕方，甚至不惜重金購買春藥，如果想盡辦法仍無濟於事，也會想購買情趣用品來代打助興，看女人興奮對男人也是一種享受哩！當男人看到自己的女人在眼前使用按摩棒或人工陰莖玩得痛快尖叫呻吟時，會比自己看A片快樂，可補償自己性能力的不足，減除對女人的愧疚感。

然而雖說男人借助性玩具來玩女人或是給女人玩的人數越來越多，但是單身不婚或離異的女性人口快速增加，性娛樂自主的需求也越來越多，才是性玩具銷售增加的主因吧！

夢遺

夢遺或稱遺精，大多數男性在進入青春期後會在夢中不自覺排出精液，這就是夢遺。它的發生大多是因為精液中的精子製造達到飽和，再因睡夢中陰莖的摩擦或有綺麗夢境出現時造成不自主的射精狀況。

夢遺是一種正常的生理現象，夢遺次數的多寡和人體健康狀況無關，如果偶爾有較多次的自慰或夢遺，並不會對健康造成負面影響。男性在睡夢中因為不再受到意識壓制，比在清醒時更容易勃起，因此在睡眠時出現與性有關的夢境，陰莖就會自然勃起，當到達某個興奮點時就會射精。

許多大男孩在經歷第一次夢遺後會感覺不安，甚至擔心自己是不是有問題，但不敢向老師、家長或同學提起，事實上夢遺並不會傷害身體，對性功能也無妨礙，夢遺時所排出的精液也不會造成身體機能損失，因為身體能不斷製造精液，即使精液積留在體內不射出，一樣會透過生理循環產生新陳代謝。

有些家長會利用「吃補腎精」的湯藥來「治療」青春期男孩的夢遺，事實上是不需要也不會有效果的，因為夢遺並不需要治療。

青春期開始男生學業成績常大幅退步，女生反而成績更好，為什麼？

從青春期（有些人早於10歲，有些人遲至15、16歲）開始，男孩要開始往「男人」的路上邁進！男孩「轉大人」的身體變化包括：生殖系統逐漸發育；腋下、陰部、臉上長出毛髮；變聲；陰莖不自主地勃起；出現遺精。就是這些現象讓青春期的小男人心緒不寧，看著班上女同學、鄰居姊姊、漂亮的女藝人，甚至是親媽，心裡的小鹿不時亂撞，或許他也不知道這種心緒源自哪裡？但這種種不安搞得他心神不寧，讓他的心思無法專注在課業上，成績自然大幅衰退。而上述情況屬於「隱性」生理變化導致青春期男生課業退步的原因，還有另外一種則是屬於「顯性」的狀況。

當男孩發現自己已有成年男性的性徵，便開始墜入無邊的情慾想像，日間與男同學交流情色照片、漫畫，夜裡關在房間瀏覽色情網站、躲進棉被嘗試自慰的樂趣，經常在電影裡看到的在情慾較開放的西方世界，調皮的青春期男生懇求身邊同齡但已發育的女生玩伴掀起上衣讓他們看看女性隆起的胸部，膽子大一點的甚至進一步要求能伸手試試觸感。凡此種種，都讓青春期男生專注力從課業上移開，成績不退步才怪！

而要說青春期男生不用心在課業上，其實這也不是他們願意的。由於情慾初萌，在學校裡

看到心儀的女同學、女老師，在家裡與媽媽、姊姊共處一室，甚至是讀到「女」、「胸」、「色」等這些字眼，就能讓他們浮想聯翩，坐在書桌前想要發憤，無奈陰莖稍一觸碰就勃發不可收拾，而只要自慰就會射精，射精完後就感覺疲倦，只好稍事休息，讀書的事只好又擱在一邊，但因為年輕氣盛，好不容易才按捺平復的陰莖不多久又勃起，除了耗費體力，心理上可能還有不可言說的罪惡感，讓他們心力交瘁。如果說青春期男生每天都在應付身體的這些事，應該是一點也不誇張！相比同年齡的女生，她們較不必為勃發的性慾所困擾，頂多是懷抱浪漫的夢幻情懷，淡淡的愁緒，不會因此而荒廢課業，成績自然較男同學為好。

體毛

很多男人長著濃密的胸毛或落腮鬍，這種性感的外在體徵讓人將之與性能力產生聯想，但男人體毛愈多性能力真的愈強嗎？事實上和男性生理功能關係最緊密的是睪丸，因為睪丸可以產生雄激素，雄激素是男性性慾、性功能的生物學基礎，確實在一定程度上可通過體表特徵來表現，常見的性腺功能減退患者就會有體毛生長異常的情形，如有些患者過了青春期還沒長鬍鬚或鬍鬚生長速度緩慢，一週才需要刮一次鬍子，也有的人聲音仍是清脆的童音，體毛也很少；還有些人過了青春期生殖器官仍未發育也沒長陰毛，這些症狀顯示患者可能出現性腺功能減退的情形。

體毛主要受雄激素影響，雄激素濃度愈高體毛就相對較多，但也不能忽視遺傳作用，如很多歐美白人男性的體毛明顯較黃種人多，但性能力不一定比較強。要判斷性功能強弱除了從雄激素濃度評估，還包括一生的精子總數、性活動次數、一次性活動維持的時間長短等；從心理面看，則與包括性衝動時的心理強度、性衝動頻率等有關，而這些都和體毛多少無關。

其實人類出生時身體已長有一些體毛，只不過不大明顯，當進入青春期，男女身體的性腺開始分泌大量性荷爾蒙，繼而喚起身體出現第二性徵，包括長出陰毛、腋毛、鬍鬚及其他體毛。雄激素和雌激素所負責的生理功能略有差別，且會相互產生平衡作用，例如雌激素可刺激頭髮生長，雄激素卻會抑制兩鬢頭髮長出，所以一般女性的頭髮會較濃密；另外，雄激素可促進鬍鬚及胸毛長出，雌激素卻有抑制效果，所以女性便較少出現這些體毛了。

由於體毛的生長是由雄激素控制，而女性體內的雄激素較少，所以一般男性的體毛較女性多而濃密，不過有些女性的汗毛比較明顯，可能會引來「長鬍鬚」的誤會及尷尬，亦有少數女性因體內雄激素濃度較高而影響毛髮生長，甚至影響第二性徵的發育。

毛髮濃密或稀疏，可能與種族、遺傳和個體差異有關，而與異常或是缺陷無關。如果認為毛髮過多或過少影響了信心和形象的話，現代的醫美技術普遍都可輕易處理；若懷疑是因激素分泌問題而影響毛髮生長，可就醫改善。

●陰毛與腋毛的性感魅力

在舊時代，至少50年前，包括陰毛與腋毛一直被男人視為不可或缺的性

高潮對話

男人喜歡女人的陰毛嗎？

男人不但喜歡女人的陰毛，而且喜歡陰毛多一點！以前民間有個說法，男人嫖妓如果遇上「白虎」會走霉運，妓女被「青龍」嫖到會倒霉。「青龍」指男人陰部無毛，女人陰部無毛叫「白虎」，會倒霉的風俗不盡可信，不妨一笑置之，但這說法普遍反映出不論男女，對於異性私密處的體毛都相當重視。

看到女人的陰毛必然激起男人的性慾，這是動物本性，同樣的，女人看到男人的陰毛也會臉紅心跳，因為陰毛是人類的第二性徵，所以看到陰毛會起淫心是人類的天性，也是獸性。所以妳問「男人喜歡女人的陰毛嗎？」我的答案是「當然喜歡」；如果再問「陰毛可以讓女人顯得更加性感嗎？」男人也會說「是的」，因為陰毛會傳達強烈的性暗示，所以為什麼有些國家的性管制尺度是禁露三點，這三點分別是兩個乳頭及陰部，這些地方的顏色都受到荷爾蒙影響使得皮膚的色澤較深黑，也較醒目。

感象徵。如果你曾看過30年前8釐米的A片影帶，會見到女主角都是陰毛黝黑茂密，腋毛也是又多又長，也許那時的影片是黑白片，所以陰毛及腋毛特別明顯，令人印象深刻也觸目驚心！同學間的情色話題也常是拿女人的陰毛來討論分享，當時流行的黃色小書，對陰毛的性感優美、濃密、長短、顏色深淺、形態分佈也是極盡描述之能事！

但從1910年香奈兒在巴黎成立時裝店，開始以舉辦時裝秀來展現季節新裝，便由經驗歸納出模特兒的選拔原則，首先是胸部不可以豐滿，其次是腋毛必須剃除乾淨，為什麼呢？因為豐滿的胸部及裸露的腋毛會轉移觀眾對服

以往限制級電影會在「三點」打上馬賽克，近年尺度普遍開放，可露出兩個乳頭，「上空」已是司空見慣，大多數男人看這些畫面已無法勾起情色慾望了。現在各種影片若有裸露鏡頭，通常只遮住第三點，而這更加強了陰毛的吸引力，此後男人看裸女的照片總是把眼光放在私密處，當看到令人驚艷的陰毛時就興奮萬分，尤其看A片時如果女主角的陰毛長又濃黑，臉蛋也長得不差，男人就會把這部影片視為精品四處傳送分享，如果片中女演員的陰毛被剃光了，除非是個絕世美女，否則看這種片子便會覺得乏味，甚至僅4分鐘的短片也不會想看完。

令人納悶的是，女人如果把陰毛剃光了，將來電影的馬賽克要打在哪裡？因為第三點既然已經沒有看頭了，還需要再遮掩嗎？

裝的注意力。從此以後，所有出現在公眾面前展示最新時裝的女人皆是已經把腋毛剃光，經過時間演變，越來越多女人也自動模仿，夏天一到就把腋毛剃光，理由是穿著無袖上衣露出腋毛不雅觀，換個角度想，應該是腋毛太性感，露出來給人看不好意思！有些人則不知所以然的只是跟著流行。

我要給女人們一個真心的建議，別盲目跟隨流行，若不是有嚴重狐臭，建議妳為了讓自己在男人眼中更加性感，最好不要剃光腋毛！我曾看過一則報導，好萊塢男神布萊德彼特曾說他喜愛舌舔女人的腋下，因為腋毛很性感！

1960年代中期，比基尼泳裝、內衣等輕薄短小的衣著開始在大部分西方國家流行，在健美活動場合也十分常見，但下身僅一小塊布使得陰毛常常外露，令穿著者感到困窘，所以必須把會露出在外的陰毛剃掉，流行日久，現在許多女性也會把露在小褲外的陰毛給剃掉。

近年，西方國家開始流行剃陰毛的風氣，我在歐洲裸體模特兒的照片中常看到

陰毛玩法樂無窮

女人的陰毛可以有多種玩法，在在都讓男人神魂顛倒，比如洗澡時用泡泡抹在黝黑柔軟的陰毛上，好像黑色漩渦煞是性感；性愛前讓男人用潤滑液塗抹陰毛，高潮後讓男人用梳子梳理陰毛，讓烏黑的陰毛如羽毛散開，平貼在白皙的下腹；也可以讓男人用吹風機把妳的陰毛吹得四散飄逸，這等性感和情趣會讓男人頓時傾倒。其他還能怎麼玩，你們自己去發揮創意吧！

陰毛全部剃光，也有些人把陰毛剃短並作造型，她們會找美容師、婦產科醫師把陰毛剪成小三角形、心形、長方形、僅在頂端留下一個小方塊等各式新奇造型，煞是有趣！

最近有些女人開始追逐流行把陰毛全部剃除，問她為什麼？得到的答案是：比較衛生。針對這個回答身為醫師的我要告訴妳，只有一種病叫陰蝨，牠會躲在陰毛的根部，治療期間必須把陰毛剃除，其他正常情況下陰毛和衛生沒有關係！根據一項非正式調查，90%的男人看到女性陰毛會立即產生性慾，並且認為女人的陰毛越濃密越好。所以追求性感的妳在剃光陰毛前請三思，因為剃掉陰毛等於剃掉了性感，最近還開始流行女人去植髮診所植陰毛哩！

我還要告訴妳一個有趣的秘密，你知道植在陰部的毛從哪裡來的嗎？答案是「頭髮」，很令妳驚訝吧！那用頭髮植的陰毛會一直變長嗎？答案是「不會」。植陰毛後的前三個月一如原來的頭髮會長長，三個月後掉毛，自毛根再重新長出來的就和原來的陰毛完全一樣，具有柔軟捲曲的毛質，且長到和原有陰毛一般的長度就不會再長了，很神奇吧。哦，讚美上帝，感謝上帝！

●女性陰毛茂密稀疏與性慾的關係

陰毛又稱恥毛，是性成熟的象徵，與青春期前無陰毛的狀態相較，有陰毛的性成熟女性較易令人有性衝動。

陰毛的有無、疏密主要取決於兩個因素：一是體內腎上腺皮質所產生的雌雄性激素濃度；二是陰部毛囊對雌雄性激素的敏感程度。如果女性在陰毛發育期由於某種原因使腎上腺皮質產生的性激素分泌不足，或陰部毛囊對性激素不敏感，就會造成陰毛稀疏或不長陰毛。

多數人的陰毛是捲曲的，約佔82%，但陰毛為什麼是捲曲的？原因在於捲曲的狀態猶如一個個彈簧，能抵消來自外界的撞擊力；其次，捲曲的陰毛在性交時不會被帶入陰道之內。

至於陰毛多是否表示性慾及性能力較強？答案是否定的。性慾及性能力受客觀因素影響，如教育、生活環境等，與陰毛多寡無關。那沒有陰毛正常嗎？有些人很遲才長出來或終生都沒有，但在性方面卻沒有障礙，所以沒長陰毛在生理上不是問題，這些人佔2.7%，若因此影響性表現多是心理因素造成的。

陰毛稀少或無陰毛的女性如果其他第二性徵的發育皆正常，如乳房、體型、聲音變化等，且月經按時來潮，說明性器官的發育及性功能沒問題，無須過度擔心，若因此造成心理負擔可尋求醫美以植毛方式改善。

●禿頭男人性能力比較強嗎？

男人禿頭與性能力之間一直有著許多「傳說」。在俄羅斯，人們認為禿頭的男人性慾旺盛且性能力強；在東南亞，人們認為禿頭的男性體質差、性慾低；近日，刊登在美國媒體的一項研究指出，男性性慾太強日後脫髮的風險增高。

美國的研究者調查了美國境內從40～60歲不等的879名男性，首先收集了

他們的性愛情況，包括性慾與性愛頻率，然後對這些人的脫髮情況進行了評估，結果發現年輕時性慾旺盛的男性日後發生脫髮的可能性越大，而這現象與男性體內睪酮分泌有關。睪酮是男性體內最重要的雄激素，它和人體內的一種酶結合轉化成二氫睪酮，二氫睪酮除了維持男性的正常性慾，還能讓肌肉發達、體毛茂密，但體內二氫睪酮若分泌過多會使頭髮毛囊過早成熟，導致生長週期縮短而提早脫落。

西班牙的研究者對190名18～40歲雄激素性脫髮的男性進行了調查，結果發現中到重度心理障礙的脫髮患者比輕度或沒有心理障礙的脫髮患者出現性功能障礙的危險高出2.1倍，主要表現為性慾下降、勃起功能障礙和性滿意度下降。

男性脫髮雖然表現為體內雄激素濃度較高，但也有部分脫髮者血清中的雄激素濃度並沒有升高的情形，簡單地說，頭皮禿髮區的雄激素濃度會影響頭髮的生長，而血液中雄激素濃度才是影響性能力的關鍵，所以禿頂跟性能力沒有直接關係。性能力的表現是一個複雜因素的總合，跟體力、心理等都有關係，單純的雄激素濃度升高並不能真實反應性能力的好壞。

雄激素的代謝物質對某些體質的人會造成落髮，對大多數人則不會。從青春期開始到30多歲是雄激素分泌最旺盛的時期，所以，若上述說法成理，那豈不是每個男人都童山濯濯了？況且有許多男性年輕時因激素分泌旺盛而體毛濃密，頭髮烏黑亮麗，到老年反而因為雄激素分泌減少而大量掉髮！

事實上，人們可能會拿禿頭來幽自己一默，但幾乎沒有人真的以禿頭自豪，不然台灣就不會每年有上千人花費10萬以上高價去植髮了；再說，就女人的觀點，妳會因為期待男人旺盛的雄激素而激賞他的禿頭嗎？我想應該也不會。

更年期

男性更年期也稱「中年危機」，包含了激素分泌狀況、身體感受、心理層面、人際及社會互動、性愛及精神層面的改變，通常從40～55歲之間開始，有些人可能在30歲就發生，也有人到了60多歲才有症狀，過程一般可延續5～15年，由於男性不存在如女性「停經」的信號，症狀也不若女性明顯，因此臨床上不易確定其發生及過程。

一般來說，男性更年期的發生時間比女性晚，每個人情況也不一樣，大約有30%的人會出現臨床症狀，有些人雖激素濃度下降，但沒有明顯的更年期症狀，有些人雖出現更年期症狀，但仍保有正常的雄激素分泌。

與女性不同的是，男性性腺與睪酮的衰退是逐步且緩慢的，通常30歲過後雄激素每10年會下降10%，而老年男性除了睪酮分泌的總量降低之外，分泌的節律也會消失，且血清性性激素結合蛋白的增加會使具有生物活性的游

離睪酮相對減少，使得身體可有效利用的睪酮也跟著減少。

常見的更年期症狀如疲倦、性慾減低、失眠、易怒、注意力及記憶力不佳等，有些人會出現憂鬱的情形，要判定男性更年期必須先找出是否有其他生理或心理疾病造成相關或類似症狀，根據男性更年期國際醫學會（ISSM）的認定標準，除了歸納臨床上發生的更年期症狀外，還需經過生化血液檢驗，檢查體內睪酮含量或是活性有否低下，才能確診是否為「男性更年期」。

●如何改善男性更年期症狀？

男性更年期是正常的生理過程，不須過度驚恐，但如果因為過多的生理狀況造成心理壓力，使得生活出現障礙便需就醫。

1.認知男性更年期的意義：宣告男性前半生理階段結束，將要進入另一個生理階段。就像登山，青春期與壯年期是走上山坡，更年期是要下坡，所以要調整好體能狀態及做好心理準備。

2.改變生活習慣：要保持適度運動及健康的飲食習慣，研究顯示，運動可增加體內睪酮含量，食物中的抗氧化成分、不飽和脂肪酸可幫助男性緩解更年期不適症狀；戒煙、減少飲酒可減少對睪丸的傷害。此外，和另一半維持親密關係，內分泌系統就會有效且自然的持續作用。

3.尋求醫療：在情緒、心理感受、睡眠障礙方面可求助精神科，必要時以藥物治療；對於患者本人及其家人（特別是妻子），心理支持或是認知行為治療也很重要。研究顯示，某些抗憂鬱藥物可協助改善情緒症狀、熱潮紅及盜汗，且不會產生對於性功能抑制的副作用。

4.補充雄性激素：在補充激素之前必須先經過完整的檢查，例如是否有過睪丸炎、腮腺炎、輸精管結紮，還是有心臟血管功能、攝護腺特異抗原、肝、腎功能、血脂及血糖異常，最重要的是睪酮的檢驗，也必須進行心理評估及酒精影響測試，方能給予補充。

早洩

早發性射精俗稱早洩，指性行為時男性射精過早。一項針對約5千名亞太地區男性的研究指出，31%的受訪者患有早洩，多數為心理而非生理疾病引起，以下三個條件只要符合一項即稱為早洩：

1.陰莖進入陰道內開始性動作一直到射精的時間太短。

2.無法利用意識來有效控制射精。

3.因性行為過早射精造成心理上的負面影響，如挫折、沮喪。

根據國際性醫學會最新的定義，原發性早洩的射精時間為小於1分鐘，而續發性早洩的射精時間為小於3分鐘，兩種類型的差別僅在第1條件，第2及第3條件的症狀則相同。

很多男性以為早洩會自然改善而默默忍耐，其實早洩不僅可治療，且效果良好，常見治療方法如下：

1.心理治療：增強與性伴侶在性方面的溝通和技巧、處理與性伴侶的衝突和在性行為上的問題、提高自信心、減低對性行為表現的焦慮。

2.停止再刺激法：將要射精時儘快停止刺激陰莖，等興奮程度減低後再次刺激，此動作可在射精前重覆做3～4次。

3.擠壓法：將要射精時儘快用大拇指與食指用力擠捏陰莖前段靠近龜頭處，等興奮程度減低後再次刺激，此動作可在射精前重覆做3～4次。

4.減低陰莖神經的敏感度：如使用多個保險套和使用麻醉軟膏、去敏感噴劑，這樣可延遲射精的時間。

5.口服藥物：過去以服用抗憂鬱藥物來延長射精時間，但2014年3月我國衛生單位核准用來治療早洩的藥物「必利勁」已上市，其療效平均可延長射精時間為原來的3～4倍，效果好且副作用低，已成為治療早洩的主流方式。

CH3 男人的性心理

外表剛強的男性內心常是脆弱的，也因為要表現出外在的剛強，內在的脆弱就要被掩蓋得更深；這在意識層讓男人很辛苦，於是這些壓抑便在潛意識層大量爆發，性行為就是如此！

戀母（伊底帕斯）情結

戀母情結（Oedipus Complex）也直譯作「伊底帕斯情結」，起源於一則希臘神話伊底帕斯王子的故事，指兒子戀母殺父的複合情結，是心理學大師佛洛伊德主張的一種觀點。

先說說這個故事：希臘的底比斯國王洛厄斯透過神諭，得知自己將來會被親生兒子殺害，於是將剛出生的王子伊底帕斯交由侍衛送至深山殺害，但侍衛不忍心，於是將王子棄置深山，遭棄的王子被牧羊人收養，後來成為沒有子嗣的科林特斯國王的養子。

伊底帕斯長大後，在一次爭執中無意殺死自己的親生父親底比斯國王，後來底比斯國出現女人面獅身的斯芬克斯，他佔路要路人猜謎，猜錯就會被他吃掉，伊底帕斯知道之後便起身前往底比斯國斬殺斯芬克斯而被推舉為國王，並娶了新寡不久的王后，也就是他的親生母親。

一位先知告訴伊底帕斯，他無意中所殺的人就是他的父親，而眼前的王后就是他的母親，王后認出伊底帕斯之後引刀自刎，伊底帕斯則弄瞎自己的雙眼流浪天涯。

佛洛依德以此典故來描述小孩成長過程中與父母親在感情上一段難割捨的情結，他將性心理發展分為五個階段，即：口腔期（0～2歲）、肛門期（2～3歲）、性蕾期（3～6歲）、潛伏期（6歲到春青期）、生殖期（青春期以後），並以「戀母情結」來描述在「性蕾期」的兒童因渴望與異性的父/母發生性關係，而對同性的父/母抱著競爭、嫉妒和憎恨的一段情結。

男孩在下意識與父親競爭，想完全佔有母親，但又因過度罪惡感而懼怕父親發現後會將他的陽具割掉，以示報復和處罰，這即是佛洛依德所謂的「閹割焦慮」，這使男孩壓抑他對母親的愛戀，轉而認同強而有力的父親。

而性蕾期的女孩因為發現自己沒有陽具產生強烈的失落感，進而引發對陽具的欽羨，當女孩發現這狀況是母親造成的，且母親自己也沒有陽具時，她對母親的敵意和失望達到了極點。為了補償這種失落感，女孩轉而愛慕自己的父親，並渴望能得到一個陽具，但在發現事與願違而遭受挫折、失望之後，女孩轉而認同母親，企圖藉此獲得父親的愛。

小孩藉由認同把對於異性父母的性愛慾望保留在幻想，而將父母親的價值納入自己的「超我」。依佛洛伊德的看法，未解決「戀母情結」或「戀父情結」者的「超我」會比較弱，顯現為低自尊心、低自我價值感及逃避與異性的友誼。

男孩在過分擔心母親報復和處罰的焦慮下，可能因而過分認同母親而顯示出較多的女性特質；或因為在潛意識中認為女性有傷害性，而對女性產生畏懼或憎恨的心理；或因心理的反向作用而以輕蔑的態度對待女性。女孩則以缺乏陽具為不足而輕視、厭惡自己，進而認為女人的存在價值低於男人，她潛意識中對自己的不滿或憎恨，有時會以雜亂的性關係或色誘男性作為情緒出口。

●勞倫斯的「兒子與情人」

經典歌劇「兒子與情人」，故事敘述一位富於文化素養，端莊善良且渴望愛情的母親，由於對丈夫徹底失望，把最親愛的兒子當成自己鍾愛的情人，而兒子保羅自幼就崇拜母親，也深愛著她，母親與保羅終於發生親密的肉體關係，兩人背着丈夫享受如膠似漆的生活，這種母子之愛在日復一日中無限延伸和擴張，兩人就像情人般相憐相惜和心心相映，共擔憂愁，同享歡樂，填補了女人多年對愛情心靈的渴望，同時滿足了她日益高張的肉體慾望，使生活非常愉快。

隨著保羅日漸成長，他開始有了屬於自己的世界，他愛上年輕女孩米麗亞慕，由於母親不願失去唯一鍾愛的保羅，從中百般阻撓他和女友的戀情，加上保羅對母親深厚的情感，保羅根本就無法正常的戀愛和結婚，終於不得不和自己的初戀情人擦肩而過。

後來他愛上了第二個情人克拉拉，是一位已婚少婦，她向保羅展示了美妙的性愛，讓保羅渡過了一段魂不守舍的快樂日子，且幫助他打碎母親加附在他身上的枷鎖。然而保羅沒能與克拉拉有美好的結局。他發現只要有母親在身邊，他就不可能和別的女人相愛。他的母親對他說：「你還沒有遇到適合的女人。」他回答道：「只要您在世一天，我就永遠遇不到合適的女人。」

據說該劇劇情大部分取材自勞倫斯個人的生活經驗，勞倫斯是上世紀英國文學中最重要的作家之一。然而不管這說法是否真確，我都由衷佩服作者的勇氣和真知灼見。何以這樣說？母親與兒子間微妙的情感，在很多單親家庭或夫妻關係冷淡的家庭中都或多或少、或深或淺地存在著。（內容取材自王憶琳編譯的《兒子與情人》）

為什麼說女兒是男人上輩子的情人？

男孩在成長過程中有戀母情節，在潛意識深處存在欲取代父親的意念，女孩在成長過程同樣在潛意識深處有欲取代母親的戀父情節，如果女人生長在一個幸福的家庭，且有一個負責任的父親，她無意中會揣摩父親的形象來選擇伴侶，因為這樣會令她安心。

男人這方面，由於嬰兒時期天天替女兒洗澡，在幼年階段任其依偎在身上撒嬌，做父親的心裡滿是喜悅，但短短幾年女兒進入青春期，女孩轉眼變成女人，身體和心靈皆快速變化，做父親的立刻感受到壓力。

首先她的身體對父親形成壓力，父女開始避免碰觸，說話也開始客氣起來了，在家庭中女兒是比妻子更像女人的女人，父親開始用對待女人的態度來對待她，既愛她又怕傷害她，對妻子就隨便多了！

女兒和男人交往父親會莫名產生醋意，對這外來的男人保持戒心，但又衷心企盼她幸福，於是產生矛盾心理。女兒的婚姻如果不幸福，做父親的比誰都痛心，這樣的心態是類似情人的昇華，所以人們說「女兒是父親上輩子的情人」。

夢的解析：佛洛伊德的性心理

19世紀精神分析學大師佛洛依德在鉅著《夢的解析》中提到，「夢是一個人與自己內心的真實對話，是自己向自己學習的過程，是另外一次與自己息息相關的人生。」這句話說明了人類「日有所思，夜有所夢」的理論依據，即人類的性行為表現可從夢境去尋根探源。

佛洛依德

●電影〈畢業生〉

美國經典電影〈畢業生〉（The Graduate，1967），劇中男主角班（達斯汀霍夫曼飾）的父母是有錢、崇尚物質的中產階級，他們的精神生活相當貧乏，但他們很自滿，班更是他們向親友炫耀的另一項「物質」。班隱約察覺到父母的生活方式不是他想要的，想反抗父母及週遭世界的想法便開始醞釀，但他向來是循規蹈矩的人，這種想法只帶給他更深的挫折與焦慮，無助之際他選了最差的一種反抗法，就是接受她父親老朋友魯賓遜夫人的挑逗，跟她發生墮落的肉體關係。

在魯賓遜夫人幾次裸身引誘之後，班便深陷其中，在畢業後無所事事的一個多月裡，他每晚偷溜出去與魯賓遜夫人私會，這種日子看似悠閒其實並不快樂，他需要一股力量將他拉出這個心靈地獄。

魯賓遜夫人外表冷酷，內心深處卻是個徹底絕望的人。她把自己的婚姻搞砸，人生只剩下性慾，年輕順從的班除了給她新鮮感，也滿足了她喜歡掌控的性格。一個反抗者加上一個絕望者，他們的關係僅止於肉慾，這讓班更感覺痛苦，他想要的精神生活不僅未能實現，他還得拼命抗拒自己的肉體慾望。隨著班愛上魯賓遜夫人的女兒尼恩，情況更加複雜了。

班想透過尼恩讓自己走出墮落的深淵，他拼了命要得到尼恩，但遭到魯賓遜夫人的強力阻止，因為她需要班來安慰自己逐漸乾枯的身體，而班竟然愛上自己的女兒，她感覺自己被徹底羞辱了，對年輕人的交往更是橫加阻攔。

電影的結局不是快樂的，逃婚成功的尼恩後來與班在一起，兩人卻對前途茫茫無所知。這個故事要呈現的是越戰後茫然的美國世代，不管青年、不管熟年，不論男女，性都成了他們在痛苦中的救贖。

●無畏去愛，以奉獻之名——小說《O的故事》

《O的故事》（Histoire d'O）又譯《O孃的故事》，1954年出版的一部情色小說，由法國女作家安娜・德克洛（1907~1998）以波莉娜・雷阿日為筆名創作，是一本關於性虐待的現代文學，書中描述名叫「O」的巴黎時尚圈女性攝影師被性虐的故事。

O經常提供自己給與她所屬的秘密社團中的男性口交、性交、肛交，她經常被剝衣、矇眼、綁縛、鞭打，她的肛門因為不斷被插入並一再更換更大的塞子而擴大，她的陰唇被穿環、臀部被烙印。

O對她的情人勒內絕對服從，只因為她認為服從可換來情人的愛情與忠貞，勒內帶她到戴高樂城堡，將她交給他同父異母的哥哥史蒂芬，讓O學習去服侍男人。O後來愛上了史蒂芬，也相信他同樣愛上她。

夏季來臨時史蒂芬將O送到一棟老舊的公寓，這裡住著準備接受有關服從進階訓練和身體改造的女性。在這裡，O同意接受印有史密斯先生姓名的鐵環穿過她的陰唇，以此作為史密斯先生對她身體所有權的永恆印記。同時，勒內鼓吹O去引誘小模賈桂林到戴高樂城堡，當賈桂林看到O的鎖鏈和疤痕時感到十分嫌惡，但她同父異母的妹妹卻迷戀上O，乞求O帶她到戴高樂城堡。

在一個大型派對上，O作為一個性奴，幾乎全裸，僅頭上戴著貓頭鷹面具和藉由穿過她身上的環而纏繞著的皮帶而已，賓客把她當成物品一般對待。她是個性奴嗎？不是，在她眼中，眾多同時與她玩性愛遊戲的男人才是取悅她的性奴。

這本書將女性形象和心理矛盾表述得相當透徹，她們既需要解放又需要庇護所，O在一座封閉城堡內變身為性奴，在一場又一場肉體和心靈的歷險中向至高的性歡愉徹底屈服，最終發掘自己無上的幸福。

對於這本書，該書的中文導讀法國文學博士賴軍維教授表示，作者在書中提出了一種極為特殊的觀點——奴役的幸福，O認為只要她的愛人開心，她都可以絕對奉獻，並從中得到無上的快樂。這不禁使我們疑惑，當代性別平等的概念是否真的是幸福與快樂的保證？或許未必，現代人過於強調自由和獨立，忘了男歡女愛的權力運作往往未必能觸及真正的快樂，而該文即以「無畏去愛，以奉獻之名」為題。

男人的小秘密

如果有機會被一群裸女包圍簇擁男人心裡會怎麼想？

當然是見獵心喜，認為是飛來艷福，甚至忙不迭把褲子脫下，即使是被眾女人爭相撕扯下全身衣物，變成一隻掉光羽毛的公雞，女人爭相撫摸親吻他的身體各處，甚至爭相坐在他的身上做愛，男人一點也不會覺得委屈，因為男人做愛毋需為愛，也不會吝於在女人面前裸裎相見，任憑眾多慾女蹂躪也不會感到委屈。

男人若有機會落入一群女人堆中且可與她們一起性交玩樂，通常不會猶豫或拒絕。男人不必像O孃，必須對一個男人以愛為由無條件順從才能衝破內心的枷鎖，才能把身體完全奉獻給對方。

●潛意識主導了我們的一生

佛洛依德把心靈比喻為一座冰山，浮出水面的少部分代表意識，藏在水面下的大部份則是潛意識。他認為人的言行舉止只有少部分是由意識控制，其他大部分是由潛意識主宰，而且是主動地運作，只是人們不能覺察。

夢是這時最好觀察潛意識活動的管道，在精神病患身上我們可以看到潛意識的作用非常明顯，例如無法解釋的焦慮、違反理性的慾望、超越常情的恐懼、無法控制的強迫性衝動，明顯看見潛意識的力量像狂風一樣橫掃。

但潛意識並非總以負面的態勢呈現，它可以經由學習讓意識來運用，而一個人的進化程度與他運用潛意識的能力也成正比。

1.低層潛意識：指本能、衝動、驅力、生理反應等，呼吸、腸胃消化、心臟跳動即屬於這類功能。人一生中鉅細靡遺的記憶全都儲存在此，這裡是獸性、本能的世界，是犯罪及暴力行為的源頭，它容納了所有不被意識接受的壓抑，因而形成了恐懼症、強迫性思想行為、妄想、幻覺及噩夢，沒有邏輯、理性，而以強烈、動態、隱諱的樣態日夜不停翻攪。

2.中層潛意識：指平常沒有存放在意識的思想素材，只要人們進行回憶、思考、表達，這些素材就能被調動出來運用。

3.高層潛意識：舉凡藝術創作、深刻見解、人格轉變、思想、價值觀改變、為事物奉獻的熱情等都源自這裡。

4.意識：日常直接意識到的，如感受、念頭、情緒、慾望、意象、衝動、記憶、期待、計劃等。

5.意識的中心自我：現有的意識中樞，是自我認同的中心。

6.高層自我：靈性的我，是高層潛意識的中心。

7.集體潛意識：指超越個體，包含各種神佛、鬼魅、上帝的存在都來自此處。

佛洛伊德早在19世紀末就指出，「性變態由來已久，且普遍存在人性中」，他認為性行為是最不受高級精神活動控制的衝動之一，他的許多理論認可道德框架中可被接受的性變態行為，包括露陰癖、窺淫癖、性窒息、戀物癖、異裝癖、戀童癖、性虐癖等，他認為所有的性變態行為都可以在幼年生活中找到原因，從心理學角度來說，戀童者幾乎無一例外是性格上長期處於弱勢的結果。

處女情節

現代社會認為女性結婚之前必須是處女的人已大為減少，婚前多次戀愛或和多名男子發生過性關係也屬平常，多數男性雖還是希望所交往的對象是處女，但他們已經認知這在實際上已不太可能，使得處女情節日漸遠離。

處女情結的存在跟男人們脆弱敏感的心靈不無關係，但男人為何會有處女情結，必須先弄懂它產生的原因：

1.受傳統封建思想的影響：傳統男人認為好人家的女孩應該是單純、潔白的，守貞成為衡量好女孩的標準。

2.佔有慾：每個男人都希望意中人的身體和心靈都專屬於自己，如果這個女人和別的男人發生過性關係，即使剛開始接受了她，但心裡總會有個無法解開的結。

3.征服欲作崇：雄性動物都有征服欲，尤其是人類，他渴望找到一個完美女人，即處女，這讓他有征服一片新疆域的成就感。

4.情感潔癖：男人希望與老婆之間的情感純淨無瑕，包括對方的心理和身體。

5.擔心女人有對比心：這往往是出於男人的自卑感，懷疑自己無法真正滿足及征服她。

●男人的處女情結已經過時了！

近年社會風氣開放，女性的社會地位大幅提升，性自主意識也跟著抬頭，加上網路和媒體充斥著過去通常隱晦不提的性愛話題，女性由此獲得充份的性知識，並在年紀很輕時就有了性經驗，和上一代女性不同的是，她們雖然視性愛為感情的重要成分，但不認為應該把身體的所有權送給對方，做愛畢竟是兩人同享的樂趣，所以當遇到另一個更有吸引力的男人，她可以頭也不回地投入新歡的懷抱！

有一份調查顯示，台灣女性首次性交平均年齡是18.9歲，而根據我國內政部統計，在2015年國人女性平均結婚年齡是30歲；另一份調查顯示，女性結婚對象為初次交往男友的比例不到10%，可見，在30歲結婚時仍為處女者幾乎成了「異類」！

當然，我們對於到結婚時仍為處女者必須給予尊重，但我們也必須對男人說，如果你不是處男，便沒有資格要求另一半是處女；又如果你自己在結婚前仍是處男，那麼你必須思考的是，因為你對女性生理的認知不足及欠缺實務經驗，所以婚後要更努力學習，否則如何能在性生活中滿足女人，讓女人幸福快樂呢？

窺淫癖

人們常說的「偷窺狂」學名是「窺淫癖」，是「性倒錯」的一種，指無法藉由正常性活動來達到性滿足的偏差性行為，這類行為的出現頻率很高，尤其是近年來網路工具興起，導致促使人產生性興奮的圖文影片很容易流傳，因為受到這些資訊的刺激產生了性幻想及性需求，在無法適當宣洩的情況下轉而向外求，或是偷窺、或是偷拍，也有的是肢體或言語的騷擾，據國外統計，有高達20%的成年女性曾被窺淫癖患者騷擾。

窺淫癖幾乎都是男性，半數患者在18歲以前就有這類症狀，15～25歲時症狀最嚴重，之後頻率會逐漸下降，超過50歲就少有到達犯罪程度的窺視症狀，患者有著複雜的心理，包括對禁忌的好奇感、進行冒險的刺激感、性興奮的愉悅感、害怕被發現的焦慮感、自我責備的罪惡感等，混雜為強烈的緊張感，有些患者透過窺視或自慰將此飽漲的緊張感傾洩，藉此產生巨大的性快感。

大多數患者的偷窺行為隱藏著對偷窺對象的控制欲，甚至有被壓抑的攻擊性，因為本身內向和孤僻的性格，所以沒有足夠的勇氣做進一步的犯罪行為，只能透過遠距離且隱密的偷窺行為發洩對目標的慾望。它的形成原因一般認為有以下幾種：

1.成長過程中有實際觀看他人裸體、性活動的機會，一開始可能只有模糊的性興奮，但之後開始用手淫的方式強化性快感，在反覆制約下，窺視與性快感緊密結合，導致日後可能無法經由正常性活動而必須透過窺視才能得到性滿足。

2.在青春期前後因觀看色情圖片或影片引發性興奮，若這種窺視異性裸體或性交的行為因為其他因素與性快感過度聯結，就可能變成窺淫癖。

3.患者可能有智能不足、自卑感、社交畏懼或是性心理障礙，無法藉由一般社交管道來解決性需求，只能藉由窺視來取得替代的性滿足。

4.患者可能有過心理創傷，包括父母羞辱、在女性面前的性挫敗，於是藉由窺視來彌補受傷的心理，這同時也是對女性憤怒與攻擊的心理宣洩。

男人沒妳想像的堅強

男人總以強者自居，視女人為弱者，但男人外表看似堅強，其實他們是脆弱的動物，他們總不願承認身體的病痛、煩惱和壓力，遇到麻煩事也總是硬撐著。男人的口頭禪是「沒問題」、「包在我身上」，但遭遇挫折時他們只想像野獸一樣躲到山洞裡默默舔舐傷口；相較之下，女人比男人更有耐力，能承受更多的壓力。在很多事情上女人更能以大局為重，能忍則忍，而男人的忍耐度很有限，一點小事便能觸動他們的敏感神經，輕易地勃然暴怒，甚至大打出手。

●女人談感情比男人專一

十個男人有九個花心，而大多數女人一旦愛上了便不輕易放手。遭情人背叛女人當然會傷心，但更多時候是靜靜等待男人回心轉意，她相信男人在外面玩夠了就會回到自己身邊。王菲的名曲〈紅豆〉不就唱著「可是我，有時候，寧願選擇留戀不放手；等到風景都看透，也許你會陪我看細水長流」。

在分手一事上也常見男女性格的差異，若女人提出分手，男人出於悲憤與不甘心有可能向女人伸出報復之手，曝人隱私、惡言誹謗，甚至要人性命。而女人一旦不愛了，一般會告訴你真實的理由，因為她想走得乾脆一點，但如果真相太殘酷，為了顧全男人的面子，她還是會慈悲地表示兩人個性不合。

●女人如何和平且平安的和男人分手？

要和男人分手，女人首先要顧全男人的自尊心，其次要讓男人逐漸嫌惡妳，製造「被分手」的局面，而非妳厭惡他主動要跟他分手。

如果妳認為他不適合妳就應該開始採取慢慢疏遠的步驟，切記不要有新男友之後再回頭來跟他談分手，這會有不可預測的變數，但可惜的是許多女人並沒有足夠的勇氣，常常是騎驢找馬一拖再拖，等找到新男友時才下定決心，這是非常不智且危險的，尤其把新男友推到第一線和前男友談判更是不智，這會讓前男友的自尊心受辱，任何不理智的行為都可能發生！

怎麼讓男人嫌惡妳呢？首先要從思想上著手，任何人都討厭跟他唱反調的人，所以妳最好開始在日常相處中處處表現與他意見不同，譬如看電影堅持看他不喜歡的類型，用餐時改變他原先想去的地點，散步到一半突然抱怨頭痛想提早回家，約會遲到30分鐘，選舉時支持和他不同顏色的候選人，出門時穿他不喜歡的衣服，這種種都會讓他耐不住而生氣，就由他去生氣吧！

做愛時像死魚一樣面無表情不吭一聲，甚至表現得只想趕快結束的樣子，他插入時中途抱怨疼痛，讓他不得不停止插入，掃他的興，不要再主動替他口交，如果他要求也草草了事，做愛時表現出不專心，問他不相干的事，像是昨天晚餐的事，總之，提一些不愉快的事讓他失去興致，讓妳的身體開始對他失去吸引力。

有些同居的伴侶就比較麻煩了，但以下自毀形象的妙招供妳參考。有些女性會接連幾天不洗腳，故意在做愛時兩腳抬高讓他難忍臭味，並時常表示腹痛、陰道發炎，去看醫生並把藥帶回來，再表示發炎期間不能做愛，減少上床次數。

金錢也是個令人頭痛的問題，如果妳曾向男人借錢應該還清，但切不可一次還清同時宣告分手，男人如果不願意分手，還錢給他也無助進展，所以要在打算分手前一段時間分期歸還，欠錢不還會加重他對妳的怨恨，且後續會牽扯不清。

當起了分手念頭且有了縝密規劃，起碼經過半年再找藉口逐漸減少約會的頻率，讓兩人的關係自然隨風飄逝，不必去劃句點，不必正式宣告，從此各奔前程，最忌腳踏兩條船，否則將會是悲劇的開始。

聰明的女人要知道：形式上妳必須「被分手」，而非主動要求分手，訴求彼此沒緣份而不是對方不好；萬不可突然消失，除非妳能隔天即搭上飛機移民海外，從此消失在腳下這塊土地。

掌握男人心理的秘訣：如果妳和男人上過一次床，男人就會認為他一輩子都有資格且有權利隨時和妳上床，享有妳的身體是他的特權，別的男人休想越雷池一步。所以在和男人徹底分手前要忍耐，不宜和其他男人發生肉體關係！分手後再交男友不要太高調，也不要說前男友一個字的壞話，更不能在與前男友同一個交友圈炫耀，要給前男友留面子。

千萬不要有和前男友仍維持朋友關係這種幼稚的想法，一個曾經和妳上床的男人這輩子是不可能變成朋友的，藕斷絲連反而容易把新男友扯進是非當中，招來麻煩！最近發生太多男女分手的悲劇，究其原因是女人不夠瞭解男人的心理，任性一意孤行所導致，女人如果能多用點心、多一點體諒且用對方法，通常可以順利達成願望，所以特別寫這段文章，希望對女性有實質的幫助。

●男人在性方面其實也是弱者

女人想做愛時幾乎隨時可做，即使是臨時出於男人的要求，只要女人願意，生理上隨時都可配合，男人可就無法想做就做，有時候女人想要，男人不一定想舉就能舉得起來，當發生這種情況最令男人懊惱。

正因為男人在性能力上無法隨心所欲，所以男人在性行為的態勢上必須表現主動與霸氣，藉此來掌握能夠勃起的少數時機，這正好反映出「在男人的潛意識裡對性能力是缺乏自信的」，霸道正是弱者的表現，不是嗎？

以性能力來說，40歲以前的男性每天射精不會多過兩次，因為每當射精之後的剎那男人會全身癱軟，為健康著想一天頂多只能射精兩次；而女性的高潮就沒有限制，一天絕對可以性交5次以上。

正因為男人在性生理上是弱者，所以在性活動上必須掌握主控權，也就是只有在他想做愛時女人才能享受魚水之歡！在男權至上的舊時代，男人讓做愛的權力掌控在自己手裡，若男人不想做愛女人也拿他沒輒。其實男人之所以不想做愛，背後也許隱藏了一個他不想說的秘密，正是他當時沒有勃起的能力。

大多數人並不知道，當女性升起性愛的慾望，而身邊男人的生理狀況或情境若不能配合，她只有認命，久而久之，便在女人的內在形成一種心態上的弱勢。女人無法按照自己身體與心理的需求主動去實現對性的渴望，只能被動等待，這樣的心態加上男人在社會上掌控了政治、經濟、教育、文化近乎全部的話語權，使她們從小被灌輸「女人是男人性需求的被動供應者，不能是主動追求自己生理、心理滿足的需求者」的錯誤印象。

近年來，由於傳統家庭功能逐漸衰退，在許多人心目中人生不再以養兒育女為首要目的，再加上失婚、單身者愈來愈多，也因為現代女性謀生能力增加，男性在經濟上不再享有絕對優勢，使得女人的性自主意識逐漸抬頭。

時代在變，過去我們對性活動的認識、男性主動求愛的觀念也必須隨之改變，這是時勢所趨，我們只是清楚地將它點出來，並且用女性性自主的角度來提出一些建議，讓女性在性交過程中可以有更多主導權，讓兩性在性愛過程中都更加歡愉，而不再是「男人有壓力、女人有委屈」，只要兩情相悅，就能把性愛烹煮成一道道美味佳餚，讓人生增添更豐富的樂趣與色彩。

男人喜歡女人做愛時主動嗎？

毫無疑問， 大多數男人喜歡女人主動一點！有一句形容女人做愛時極端被動負面的話說「躺在床上像條死魚」，又有一個說法是「男人希望女人平時像個貴婦，在床上像個蕩婦！」一語道破男人的心聲。很可惜，女人往往沒有好好去思考，並認真面對這個簡單而明顯的事實。

其實只要念頭小小的轉變，從淑女變成蕩婦一點也不難。淑女和蕩婦只是一線之隔，蕩婦做愛敢於主動，放開自己坐到男人身上，扭臀、抽送，隨自己的喜好享受男人壯碩的陰莖，自動吸吮男人的乳頭、舔食陰莖，把做愛當成享受，大膽把女性的原始慾望毫不保留地表現出來，反而更令男人驚喜與亢奮！

做愛時男人基本上只能刻板的做陰莖抽插的動作，頂多變換姿勢或變換不同的抽送節奏和深度，女人則不同，她們臉上可以有豐富的表情，口中可以發出浪蕩的呻吟，腰可以扭動、臀可以上頂，身體可以像跳舞般曼妙多姿，那種氛圍直讓男人魂飛九霄雲外。**女人只要把潛藏在內心深處的慾望毫不保留宣洩出來，從淑女變成蕩婦一點都不難。**

CH 4 婚姻與男人

外遇

自從人類有了婚姻制度，外遇的事就沒斷過，近代更盛，究竟是婚姻制度出了問題？還是人心總是不滿足？要探討男女外遇這件事，先從以下幾則近期發生的名人事件說起。

●南韓：雙宋CP神仙眷侶仍離異

堪稱是南韓神仙眷侶的「雙宋CP（CP指「couple」，為伴侶、夫妻之意）」——宋慧喬跟宋仲基，2016年因戰爭愛情劇《太陽的後裔》結緣、相戀，很快互許終生，並在2017年10月踏入禮堂，外界無不投射欣羨的眼光，誰知結婚才1年多即婚變，事情傳出後震驚整個亞洲娛樂圈。

一開始，兩人離婚的消息傳得沸沸揚揚，在未經證實的情況下婚變一事顯得撲朔迷離，幾日後男方透過經紀公司首度公開回應：「我很遺憾地告訴你，對於很多愛我和關心我的人來說我有壞消息，我和宋慧喬已經進入離婚程序。」

雙宋兩人是相差4歲的姊弟戀，女方表示離婚是因「個性不合」，但婚變疑似有第三者介入，可能是先前傳出的造型師，但宋慧喬後來在IG上傳了和造型師出遊的合照想破除傳言，但婚變至今真相讓外界始終如霧裡看花。

男女雙方都是名人，特別是雙方若各自擁有巨大的財富，各自皆承受眾人的吹捧奉承，自我肯定必然異常強烈，要他們在婚後放棄自己的習性和觀念去迎合對方實在不易，所謂「因不熟悉而結合，因了解而分開」大概就是這樣！

●台灣：阿翔與謝忻「好兄弟」傳不倫

藝人謝忻跟已婚的「浩角翔起」阿翔傳不倫，雖然一開始雙方都不承認，

但兩人被拍到在路邊激吻的畫面，「好兄弟」間的不倫戀終被證實。

兩人的緋聞傳了多年，阿翔的辣模老婆Grace幾次出面力挺兩人關係單純，也把謝忻當閨蜜，沒想到阿翔背叛了8年的婚姻，暖男與愛家形象瞬間破滅。

阿翔和謝忻2018年被拍到在車上密會，後來又被抓包海外同行，入境時兩人還有默契地穿著情侶裝，隨後同車直奔女生香閨，雙方事後出面否認曖昧情。謝忻當時澄清兩人是「好兄弟」，因為工作壓力，身為「導師」的阿翔幫她開導，謝忻說阿翔不是她的菜，認為兩人互動不需避嫌，但「兄弟情」終究變調，對應此談話更顯諷刺。

不倫戀傳出後，阿翔面對媒體時哽咽地表示，「這是非常嚴重糟糕的錯誤，所有的批評我都虛心接受，並且負責面對。」說穿了，阿翔其實是犯了成龍所說「全天下男人都會犯的錯」罷了。

●該怎麼看外遇？

劈腿是很難戒除的癮，男人女人都一樣！男人拈花惹草、女人紅杏出牆總是人們茶餘飯後不能少的話題，到底是人出問題，還是制度出問題，以下幾個探討外遇現象的提問，為你抽絲剝繭找答案。

為什麼小三不比老婆漂亮男人還是要出軌？

曾爆發的許多演藝名人的外遇事件常令人有這樣的疑問，人們喜歡拿小三來和正宮比，其實這是不瞭解外遇男人想法的人才會這麼問。殊不知，外遇的男人多是不會拿小三的外貌種種來和老婆相比的，外遇的基礎來自男人的性慾本能，大多數男人仍然喜歡家庭提供的安定感，但在性滿足方面終究無法安於一夫一妻制。

如果男人和妻子以外的女人沒發生性關係，那只能稱為女性友人、紅粉知己，不能說是外遇，所以外遇的主要動機當然來自性需求，一般而言，如果家庭生活穩定，男人不會想要以小三來取代老婆，因為這樣會喪失外遇的樂趣，所以撇開「也不是我願意的」這種推卸責任的說法，性衝動、與老婆相處不睦、對外尋求認同與被溫柔對待，可說是男人外遇最重要的原因，在這種情況下，外遇對象的外表分數已經不是最重要的了！

男人說，「外遇不是我一個人的錯」？

「我已婚十年，育有一子一女，全家和樂，假日常帶小孩出遊，和太太相處和諧，夫妻偶有意見不同，但爭吵總歸能和好，我愛妻子，大約兩週做愛一次，雖然不若剛結婚時那麼激情，但仍然歡愉。半年前我認識了一個職業女性，她是個單親媽媽，年紀與我老婆差不多，她從事的行業內容和我相近，我們很

有話聊，很快就上摩鐵幽會了，那種感覺與在家和太太做愛截然不同，她非常貼心細膩主動又溫柔，讓我全身血液循環加快，心臟砰砰直跳，她很用心想要讓我快樂，我甘心陷在激情的漩渦中，如飲美酒醉了也值得，每次幽會完回家途中我就想著安排下一次約會！」

「朋友都羨慕我有個身材姣好貌美出眾的妻子，我一直都真心愛她，但一夫一妻制不適合我，結婚以來我外遇不斷，但我愛老婆的心意沒有一天減少，反而認為外遇豐富了我的生命，是我學習和成長必要的經驗，而且我認為這對我的婚姻有幫助，而不是造成傷害，因為從小三身上我體會到每個女人由於個性不同，做愛的習慣及反應也不一樣，我體諒太太也有她的個性，應該表示尊重，不要想改變她，這樣的頓悟讓我用包容與欣賞的角度對待她，大大減少了日常生活的摩擦。」

以上兩人的心情描述，顯示他們會外遇並不是對老婆不滿，而只是為了性享受及豐富自己的人生。這樣的男人沒有把外遇的責任推給太太，但也有不少人把外遇的責任歸咎為太太不努力去培養自己的魅力。日本作家渡邊淳一的知名小說《失樂園》提到，無論怎樣強調男人的本性是喜新厭舊，他們常常為了一時的衝動而圖謀額外的刺激，但有一點是應該肯定的，即外出「打野食」的男人其夫妻關係往往是平淡無味的，這大都與妻子的懶惰、不檢點、傲慢等品行有關。但這個觀點在日本或許成理，離開大男人至上的該地，走進女權高張的現代，有這種想法的人恐怕要被掃進垃圾堆。

老婆忽略老公的性需求導致男人外遇！

「自從太太生了小孩，我就開始進入性生活黑暗期，先是懷孕10個月只和老婆做愛一次，因為特殊時期我可以忍耐，產後坐月子有惡露她說不能做，隨後哺乳一年半，我每次伸手過去她就把我推開，說不要吵到小孩，要不就是說太累了！就這樣我已經有兩年時間沒做愛，只能以手淫解決，內心有說不出的委屈。

三個月前一次公司聚餐，散場時時間已經很晚，我開車順道載一位女同事回家，我對這位女同事平時印象就不錯，在車上忍不住向她吐露心情，她主動伸手握住我的手安慰我，我情不自禁把車子緩緩停在路肩，兩人剎那間擁吻起來。之後我每週和她上摩鐵一次，我覺得她的心和我越來越貼近，享受的肉體歡愉一次比一次更深一層。」

女人不要以為有充份正當的理由就忽略男人的性需求，以上不是故事，是真實案例，男人有性需求但被拒絕的當下，即使再好再偉大的理由都無法彌補。當小孩出生，夫妻兩人固然都會做相當程度的犧牲，但我要提醒女人，千萬別犧牲了夫妻的性關係，犧牲了性就等於犧牲了和丈夫的親密關係，不自覺地疏遠了丈夫，也給了丈夫外遇的好理由，終究是得不償失！

老公和閨蜜上床是最親密的背叛

這類事自古以來不曾少過，古代皇帝看中身旁的婢女，員外驀然回首看見丫頭姿色姣好，隨時都可安排侍寢，由於當時法律未規定男人不得取妾，所以這些事基本上沒人會多說一句。后妃、元配心裡雖然不樂意，但社會氛圍如此，再不悅也不能撼動什麼。

但這些情況都沒有比「老公跟自己最好的姊妹上床」悽慘，阿翔與謝忻就是一例。「虧我平常把妳當家人，沒想到妳方便當隨便，兩人好到床上去了」，醜事曝了光還要老婆出面幫澄清，「沒有，他很好，都是狐狸精的錯，我接受他的道歉，他發誓不會再有第二次！」男人何德？女人何辜？

被身邊人背叛的感覺當然非常不好，無奈現今社會這樣的戲碼層出不窮，與名人政要相關的新聞屢見不鮮，一般人不見諸媒體的更時有所聞！所不同的是，古代皇帝和員外對女人有絕對的威權，女人只有順從，現在的情況則是兩廂情願，縱然發動方是男人，起因於貪慾，但女人如果自己不願意也不會發生，正如俗話說「一個巴掌拍不響」。

老公和閨蜜外遇是最令人懊惱且最難以忍受的事，因為雙方都是妳熟識的人，且一向是妳最信任、最放心人，妳實在很委曲，好好的婚姻彷彿被潑了一盆髒水，還要繼續嗎？但根據我的了解，很多小三其實並沒有想要扶正的念頭，有的只是貪圖一時享樂，若要她們走入婚姻當黃臉婆，小三們可是千百個不願意。

如果知道閨蜜的起心動念沒要取代正宮的意思，只是禁不住男人的誘惑，她也怕事情穿幫，圖的只是床上的溫存，還不必盡妻子替男人做煩勞瑣事的責任，她的初心或許只是把妳婚姻蛋糕上的櫻桃偷偷拾起放入口中舔嚐甜美的滋味，如果是這樣，妳大可不必費心把她當成情敵，男人終究還是妳的老公。

防老公和閨蜜發生外遇守則

如果老公長得帥，聰明的女人千萬不要時常把閨蜜帶回家，尤其老公如果在家不要讓她到家裡找妳，老公去上班要請她在老公下班前就離開，也不要留下她與老公同桌吃飯；和閨蜜聚會時妳自己去就好，不要帶老公一起去；老公開車帶妳出遊，不要邀女性朋友同車，也儘量不要帶他參加公司的活動，不讓他有機會認識妳的同事或好友；不要讓閨蜜打電話到家裡，有事打手機，因為如果妳不在家而老公接了電話，兩人話匣子一開便可能是一場外遇的開始。

如果妳的朋友中有貌美的，務必讓她遠離妳老公的視線，有性感火辣的，最好連名字都不要對老公提，甚至不要讓他知道妳有這樣的朋友，最根本的辦法是不要找姿色超過妳的人當閨蜜，和妳樣貌相當的也不好，身材性感的更要敬而遠之，好穿著曝露、老公喜歡的某種特殊類型、單身不婚、單親有氣質的，都應該預先列在防止交往的範圍。

如果妳的老公外遇成性，以上防範守則要謹記並力行，否則就是給老公製造外遇的機會，就是替貪吃的貓養魚，最後落得欲哭無淚的下場！

男人出軌的理由

不都說「成功的人找方法，失敗的人找理由」，男人出軌先要找方法，出包了再找理由，說實在也辛苦男人了！以下看看男人出軌的理由。

1.感情得不到滿足：有48%的男人認為情感得不到滿足是他們出軌的原因，多數男人覺得向人「討拍」有損男子氣概，因此他們的情感需求常被忽略，導致出軌。

2.婚姻倦怠：結婚後日日相見，感情也必定從絢爛轉為平淡，儘管婚姻狀態似乎沒什麼大問題，但男人喜新厭舊的本能總蠢蠢欲動。

3.被朋友帶壞：出軌的男人中近八成有一個同樣有外遇的好朋友。與那些會偷吃的朋友混在一起，使男人覺得外遇不是什麼了不起的事，他的潛意識告訴自己：我的朋友是好人，只是不小心背叛了老婆，這是全天下男人都會犯的錯。

4.近水樓臺：四成出軌的男人是在工作或朋友圈中結識小三，她們通常是欣賞他、尊敬他、對他讚不絕口的女人，不管他是否真的那麼好，這些溢美之詞男人都會笑納，進而產生好感。

5.性生活有缺憾：妻子性冷感使男人的性需求得不到滿足，從而向外求。所以如果妳擔心先生外遇，那妳應該盡力使夫妻的性生活更加甜蜜。

6.生活/工作不如意：男人在失意時需要從旁人那裡得到肯定，依靠這種溫

暖來重建自信。男人身邊假如缺少一個能與他相知相惜的伴侶，那麼他便希望找個人來填補空缺，這時一直心儀於他的女人若主動安慰他，便很容易產生情愫。

7.脫貧暴富：有錢讓男人作怪，充裕的金錢使男性本能霎時膨脹了，女朋友「們」成為他展現成就感的管道。

大多數外遇男人不願離婚，願意同時擁有兩個女人，有這樣想法的男人是自私的，依照佛洛伊德的潛意識理論來說，這是由低層次潛意識來主導人生，只有「生理我」，沒有「思想我」，但我想很多沉浸其中的男人對此評論並不在乎，「樂在當下」才是他們活著的意義。

男人喜歡的外遇對象類型

外遇通常是因為對婚姻生活厭倦，想要為無聊的日子找點激情，要享受激情對象是誰便很重要，以下看男人外遇喜歡找哪種類型的女生：

1.年輕貌美：18歲男生喜歡18歲的女生，80歲的老頭還是喜歡18歲的女生，所以男人外遇最喜歡的對象當然是年輕貌美的，試圖證明自己還年輕。

2.身材火辣、會撒嬌：這不用解釋，是男人都懂。

3.善解人意不愛錢：男人外遇最怕開口閉口都要錢的女人，除非是大老闆，否則去哪兒找錢填這個坑；再者，這表示女人愛的是錢不是你。真心愛你不愛錢，最好還不要名分，才是男人心中的最佳小三。

4.愛情至上：真心相信兩人是真愛，讓已婚男人心甘情願脫下理智，願意一起赴湯蹈火萬死不辭。

5.分手不拖泥帶水：雖然分手時小三扭頭就走會讓男人很受傷，但不愛了、出包了，瀟灑離開不拖泥帶水，不給男人惹事，讓外遇事件船過水無痕，這種迅速清場的女人幫男人解決了很大的麻煩，選這種女人當小三，很可以。

妻子去找小三談判男人會怎麼想？

發現老公外遇女人當然會生氣，氣急敗壞之下往往會奮勇以正宮姿態理直氣壯找小三理論，甚至辱罵對方，目的要使她離開自己的丈夫。

陳先生說，當他知道老婆去找女朋友時非常生氣，立即放下手邊工作衝去找女朋友，對她百般憐惜，擁抱正啜泣的她並頻頻道歉，陳先生認為女朋友受委屈，被老婆欺負了，回家後怒斥老婆無聊，指責她不該演這場戲，老婆氣哭了，他轉頭不理！

依照公道看法，老婆應該是比較委屈的，陳先生應該向老婆道歉，應該擁抱安慰她，但陳先生為什麼沒這麼做反而對她發脾氣呢？非常不公平，不是嗎？但這確實是男人普遍的反應，至於老婆這樣做是否能使小三離開丈夫？女人自己想想吧！

男人的小秘密

女人堂而皇之抓姦，男人做何感想？

當女人奮力去抓姦，當場人贓俱獲行動成功，男人要怎樣看這件事？

大多數男人會感覺自尊心嚴重受辱，也會認為身為弱者的小三受到老婆欺凌，深感對不起她，因為男人同情弱者，他會為了沒保護弱者而自責，會腦羞成怒，且男人的憤怒會不理性的轉移到老婆身上，結果必然重創夫妻感情！除非妳正想要結束這段婚姻，抓姦才能當成選項。

妳千萬不要以為把小三趕走就可以挽回男人的心，這在現實人生中並不多見，除非妳的現實條件和男人相比有絕對優勢，否則解決了一次外遇並不能保證不會再有下一次，根本之道還在於努力經營夫妻感情，重點當然在培養自己的魅力及和男人保持快樂的性生活，讓妳在男人眼裡始終性感，讓自己每天都是先生在床上的美味好菜。

另一種選擇是和男人達成協議，有條件的開放婚姻，譬如外遇對象必須是妳認可、男人得先結紮不得在外生子、保證對方單身或得到彼此配偶的認可、兩人的社交支出透明合理等，且女人也可用相對條件交男友，或是可和小王相偕出國旅遊等，都是時下有人採行的方式。

但以上模式的前提是夫妻兩人的理智和感情都夠成熟，讓醋意能消弭於無形，且兩人的協議不能對外公開，也不能和外遇對象出雙入對，否則只會徒增困擾。

男人怎麼看自己外遇？

已婚男人開始對婚姻以外的女性傾慕時，他的目光及心思會緊盯著那個女人，全心全意沈浸在追求愛情的享樂氣氛當中。我拿一個故事做比喻，有個小偷在偷銀行金庫時被警察當場逮獲，別人問他，「你沒想過警察會抓你嗎？」他回答：「當時我眼裡只有大把大把的鈔票，並沒有想到警察！」

在外遇進行當時，老婆及家庭是被男人拋在後頭看不到的，罪惡感不足以抵擋甜美的誘惑，責任心也不夠把他拉回頭，追根究底是性慾在作祟。

婚後的男人再次追求女人，內心不會再是柏拉圖式的純純愛情，任何中年男子不論已婚未婚，心裡想的都是最好第一次約會就把女人帶上床。此時此刻男人的罪惡感是不存在的，道德的大繩無論如何也綁不住他，頂多請吃一頓飯，第二回男人就會盤算如何將她順利帶往摩鐵，如果女人用月經來不方便的慣用理由拒絕，那麼改天再約一次，若她再度找理由拒絕上床，譬如說「我們可以做好朋友」，那麼這齣超短劇就可以落幕了！

另一種情況是事情順利發展。兩人相偕去賓館，結果男人對結果非常失望，原因可能是對女人的身體感到失望，幾乎所有男人都會把尚包裹著的神秘女體想像成性感香豔，好看可食，看了會性慾高漲，但實際上不是每個女人皆如此，失望是多數人的經驗！

再者就是女人的性愛表現木訥死板，男人往往期待外遇的女人是蕩婦，但除了少數對性愛天賦異秉或是經驗豐富的女人，床上的表現能像A片女主角般狂放精彩，當事與願違自然是以失望收場了。

為什麼出軌的賞味期只有兩年半，通常三年會結束？

為什麼性愛的熱情會逐漸消退呢？這和人類大腦生理變化有關，熱戀時大腦會分泌多巴胺、苯基乙胺、腦內啡等化學物質，苯基乙胺使人感受到快樂的高亢情緒，使人心跳加速、臉紅、氣血沸騰、自信心膨脹，但容易喪失客觀思考的能力；多巴胺使人產生快感、激情、消除緊張抑鬱，當多巴胺大量湧出，會使人用羅曼蒂克的眼光來看情人及整個世界，實驗證實，當人們的快樂中心被活化，會使一旁的痛苦中心和厭惡中心被壓抑，使人不易感受到痛苦、失落等負面情緒，這有點類似古柯鹼的作用；腦內啡則能製造安逸溫馨的感覺，使人感到輕鬆愉悦。但因為多巴胺跟苯基乙胺對身體的負荷較大，因此分泌的時間只能維持18～36個月，這期間也就是愛情的保鮮期，過了之後分泌強度會逐漸消退，愛情也隨之褪色，兩人回歸到如家人般的感情。

這就是為什麼外遇平均兩年半會結束的原因，但也有長久的，就要看彼此的個性是否契合。

女人應該要知道，許多男人偷腥都是在老婆發現前就自然消散了，一切歸於平靜。所以當女人懷疑男人外遇時不妨先冷靜，也許他外遇的初心是追求新鮮的樂趣，但樂趣日久會變淡，兩人在一起久了也會有越來越多歧見、爭論，會因為互相瞭解而疏離，所以妳要靜下來想想，如果妳仍然愛這個男人，就要耐住性子，不要在憤怒之下和丈夫攤牌。

女人為什麼外遇？

民國初年五四運動期間出名的才子錢鍾書，他在著名小說《圍城》中說到，「婚姻如圍城，裡面的人想出來，外面的人想進去」，那是以前，現如今約束婚姻的圍牆已然面臨崩壞，在牆倒之前，裡面的人想進進出出也沒那麼難，在城的側邊、或後邊開個小門，很方便進出。以下說說女人外遇的常見原因：

1.個性不合：風情萬種的才女嫁給木頭人，他永遠不會對落葉秋風有感觸，並視此種舉動為無知可笑；某天，一個懂她的人突然出現，外遇成了無可逃脫的宿命。

2.房事不協調：性是婚姻生活中很重要的成分，先生如果因為性功能障礙或終日忙碌事業，或留戀野花不能滿足老婆正常的生理需要，久了就會使老婆產生怨恨而紅杏出牆。

3.物質的誘惑：年輕時與先生天天粗茶淡飯甘之如飴，日子久了就覺得這種生活無味；有一天多金公子突然現身，物質的誘惑讓女人心醉神迷忘了回家的方向。

4.感情變淡：夫妻各忙各的久了使感情變淡，寂寞芳心突然遇上解語草，就可能喪失抵禦誘惑的能力。

5.想要生活有變化：日復一日的生活覺得累了，一個風趣的男人突然讓生活有了變化而樂不思蜀，最終回不了頭。

6.嫁給不愛的人：當初是為結婚而結婚，但「Mr. Right」卻在婚後出現，不能只是感嘆「恨不相逢未嫁時」，所幸心一橫跟他走了。

7.報復老公出軌：現代女性面對先生外遇不會只是默默忍耐，一怒之下也去找一個小王來報復。

8.職場裡近水樓台：老公雖好卻無法時時給關心，辦公室裡那個男人雖然一般，卻能即時傳達溫暖，脆弱的心靈就此淪陷。

9.舊愛再相逢：曾經與他談了一場轟轟烈烈的戀愛，或許年輕氣盛，忘記是因什麼芝麻綠豆的事分手了，也各自走入婚姻；某一天街頭再相遇，男的依然俊俏，女的依然妖豔，霎時天雷勾動地火一發不可收拾。

從哪些變化可察覺女人出軌？

女人有一次外遇就不可能停下來，會接二連三地繼續下去！男人對老婆的外遇常覺得沒面子，先是不知如何是好，不敢對外聲張，所以女人外遇事件曝光的比實際發生的少很多。根據調查，54%有過劈腿經驗的女性表示，另一半完全沒發覺她們偷吃的事，因此有一說法認為女人外遇比較不容易被察覺，這種理論是著眼在女人心思比較細密，偷腥之後會把嘴巴抹得很乾淨。的確，我知道有些女人瞞著老公劈腿了好幾年，還偷偷裝了避孕器；婦產科診所裡也常有懷孕的女性私下跟醫師說小孩不是丈夫的，顯然保密功夫很到家。

女人外遇其實有跡可循，以下幾個沉溺在甜蜜愛情中的人性反應，無意中把外遇進行式表露無遺！

1.改變手機使用習慣：改變密碼；電話響時不接聽；手機不離身，連洗澡、上廁所都寸步不離；半夜常藉口上廁所躲進浴室打電話。丈夫若有疑，可趁老婆不備時查看手機探實情。

2.厭惡丈夫碰觸身體：老公靠近時反射性把他推開，這是女人出軌最明顯的特徵，也是男人最深刻的感受。一般來說，男人出軌通常不會拒絕和妻子性交，但女人不一樣。男人外遇身體的熱度先於心理，女人則是心理熱度先於身體，所以當她身體已經許給另一個人，心理上早就離開了丈夫，對丈夫的肉體接觸會不由自主地嫌惡，甚至在與先生做愛時心裡想著情人而感到受辱的痛苦。但如果女人已非初次或為經常性外遇，這種拒絕丈夫的情況就會減少，因為習慣已經成自然了。

3.單獨外出：這類情形的次數突然增加，有些理由是以前沒聽過的，且出門時總是打扮得光鮮亮麗，也總是匆匆出門，這是因為她怕臉上的表情會露出破綻。

4.身上有瘀痕：這些「烏青」如果在肚臍以下如大腿還沒事，如果在頸部與胸前就可能有問題！這常常是因為男人在做愛當下激情吻、吸、咬所引起，女人在激情時絲毫沒有疼痛感，事後卻留下印記，所以有些機靈的女人與小王做愛後會去浴室把身上的「男人味」沖洗掉，還會對著鏡子仔細檢視身上的瘀痕，回家後快點塗上消瘀藥膏，並藉口蟲咬或是過敏。

5.身上有其他男人的味道：身體的味道來源於汗腺分泌物，味道和荷爾蒙有關，男女性荷爾蒙造成不同的體味；和飲食習慣也有關，不同人種因飲食內容不同，代謝後發散出來的體味也不一樣，即使是同一種族，因個別基因差異，身體的味道也不一樣。

女人幽會時全身心投入在高度歡愉中，常忽略了與男人激烈摩擦後黏著在皮膚上的味道，這味道和老公必然有所不同，習慣了自己體味的男人一聞即知有異，且不必是擦了古龍水才會留下獨特的味道，即使是裸身，仍有各自獨特的體味。

科學會說話

關於味道

味道是許多漂浮在空氣中的小分子，比如妳聞到香水味即是數百萬個漂浮在空氣中撞擊妳鼻腔的小分子使然，而不同結構式的分子會表現出不同的味道，它可以大量附著在我們的皮膚、衣服上，隨著妳的移動把它帶到別處，漂浮到別人的鼻腔內，像彈鋼琴般敲打鼻腔內的嗅覺神經，把震動傳到大腦，不同結構的分子就像是給大腦譜出不一樣味道的音符。

男人比較容易原諒女人外遇？

男人外遇大多是先有肉體再進入感情層面，女人則大多是先有感情再進一步有肉體接觸，所以女人外遇會陷得比較深且不易回頭，如果對方願意並承諾與她長相廝守，女人常常可決絕地拋棄家庭投入小王的懷抱！

但女人如果發現外遇對象不能信守承諾，在心碎之餘還是有可能回頭，可令人訝異的是，男人通常會接納再回頭的妻子。要特別強調的是，女人對於感情的決心比男人更堅定，一旦回頭就絕不會再和外遇對象藕斷絲連，當然，這個美好結局的前提必須是丈夫本身沒有太大缺點，也沒有犯錯，且丈夫仍然愛著妻子的情況下才會成立。

但以下這些情況容易讓女人外遇後一去不回頭：

1.沒生孩子：孩子是女人最大的牽掛，也是夫妻關係的粘著劑，如果沒這個牽掛，丈夫對她而言已是食之無味的雞肋。

2.丈夫在經濟上比較弱勢：生活可以自立，或是另一個男人可以支應她生活所需。

3.丈夫有暴力傾向：偶爾發生的話女人或可隱忍，若一再發生必然會積累恐懼與怨恨，一旦找到出口便毅然轉身離去。

4.丈夫也有外遇：兩人的心都不在對方身上，早已經同床異夢。

5.厭惡丈夫身體的碰觸：夫妻性交時沒有快感且有厭惡的心理，「我已經完全無法忍受他的身體接觸，只想離他遠一點，他睡床、我睡客廳，我不願他把陰莖插入我的陰道，這樣彷彿被性侵，是無法忍受的痛苦！」一位人妻這麼說。

6.真心愛上小王：另一位出軌人妻說，和小王在一起吃飯聊天沒有任何壓力，非常快樂，好像從桎梏中解脫，打死也不願再回去牢籠！

7.嚐到婚外性愛的美好：「以前我以為男人做愛的方式都一樣，當有機會和另一個男人做愛時我才知道，天啊，原來有人做愛的功夫這麼棒，以後若是有機會再認識其他男人，我也很想再嘗試不同的滋味。」

8.日常生活瑣事讓婚姻不堪回首：外遇後的A說，她很訝異自己為什麼可以忍受丈夫這麼多缺點，雖然他很重視外表，出門光鮮亮麗穿名牌服飾，但睡前從不刷牙，滿嘴口臭屢說不改，洗澡時不用心洗腳，即使臭味讓人受不了仍不願立刻去洗腳，這些日常瑣事也成為女人外遇後不想回頭的原因。

9.丈夫是個「媽寶」：近年因少子化使獨子增多，婆婆不放心把兒子交給另一個女人照顧，對媳婦言行的意見頗多，且丈夫沒能力處理婆婆干涉家務的問題，導致齟齬不斷，也會使人妻決然離去。

男人發現老婆外遇時會如何反應？

我可以果斷地說，男人在感情這件事幾乎是完全信任老婆的，結婚前交往的女朋友即便已經有長時間的性關係，都還不一定有把握將來會成為自己的女人，一旦結婚男人便放下心，認定這個女人的身心都已經完全屬於他了。儘管有些女人不這麼認為，但我相信大多數女人在剛結婚時也是以此自許，所以大多數男人得知妻子外遇時幾乎毫無例外會大發雷霆，隨即感到一陣狼狽、委屈，欲哭無淚。

丈夫如果外遇，女人通常會四處向親朋好友哭訴，旁人也多會寄以同情，百般安慰甚至一同出氣，但男人往往礙於面子絕口不向朋友吐露委屈，把苦水和憤怒往肚子裡吞。

以往由於男女社會地位懸殊，男人在面對女人外遇時往往會以暴力相向，女人只能忍氣吞聲被迫認錯，這是因為經濟弱勢加上社會壓力使然，使她沒有太多反抗能力，輿論一面倒地同情男人，一致指責女人不對，尤其在

更早的封建社會，像武大郎那樣忍氣吞聲的男人只能是人間罕見，又像潘金蓮那般氣焰高張的女人即使在今日也不多見。

然而現如今，發現妻子外遇的男人必然勃然大怒，其暴怒的程度和對妻子情感的依賴度成正比，但內心的挫折與沮喪很快就會淹沒他的怒氣，因為男人在家庭的地位已今非昔比，女人的社會地位提升，人際關係也常比丈夫有優勢，所以當男人被告知或是自己發現妻子對婚姻不忠，在生氣之餘往往會先拒絕承認事情的真實性，特別是到了中年，男人更面臨家庭一旦沒了女主人小孩由誰照顧？每天吃喝拉撒的事由誰來張羅？種種繁瑣雜事都會逼得男人快窒息！

男人不敢到處聲張是因為現在社會的氣氛已經改變，社會不會同情男人，反而會先問男人為什麼妻子會投向別人的懷抱？所以首先承受壓力的反而是苦主男人，而不是罪犯妻子。

現今社會對女人貞操的要求已經完全不同了，女人在婚前有過性經驗、交過幾個男友，甚至結婚過，男人已不會在意；結婚生子後，女人若和別的男人上床，大家反而會問男人是不是忽略了妻子的需要？還是無力養家？性格有缺點？自己有外遇？或是好奇猜想這個人妻是不是頗有幾分姿色？

女人外遇如果不是演變到必須攤牌，通常會小心翼翼保密到家，因此男人即便高度懷疑，當面對如常做著家事的妻子，每次想開口質問，太太一轉身他就把話伴著口水吞下肚，再加上看到小孩叫爸爸的無邪表情，男人會想，攤牌了小孩怎麼辦？於是日子一天天過去，外遇也一天天進行下去。

而妻子發現丈夫有外遇通常藏不住情緒，不是呼天搶地大吵，就是到處向親友告狀，期待親友可以幫她挽回丈夫的心。所以報警抓姦的多是女人，男人則少之又少。許多人妻抓姦的目的是出於報復小三兼表達憤怒，當告上法庭，大多數女人會撤回對丈夫的告訴而單獨懲罰小三；反之，男人則懼怕抓姦會使家醜曝光，所以找徵信社抓姦的男性案主可說少之又少，把妻子告上法庭的更是少見。

這與一般人認為男人若發現妻子外遇，會在暴怒之下採取極端手段的想法大不相同！男人常常是默默隱忍，等冷靜下來後又會因為考慮到與妻子分離的後果而退卻，想要對妻子開口質問便欲言又止，如果妻子表現如常，男人就會試著告訴自己「老婆沒有外遇，應該是自己多疑」，如果妻子的舉動不過度明目張膽，在不算長的時間內便結束婚外戀情，很快可以船過水無痕。

男人通常較能原諒妻子外遇，只要她沒有太嚴重傷害男人的自尊或主動攤牌，使男人陷於絕境，再加上男人對妻子仍有感情，或是在現實上需要維持住完整的家庭，所以他通常選擇原諒妻子。我親眼見到一個友人的家庭就發生這樣的事。

女性婚外情的特點

隨著女性經濟地位和自我意識提高，加上職業女性受到的誘惑較過去增加，如果她們不滿意自己的婚姻狀況也沒打算離婚，便能接受以外遇來彌補內心對情感的需要，使得出軌的比例逐漸增加。

婚外情對於生活平淡、情感饑渴的女人像一劑強心針，它使女人重新感受自己的魅力，體驗被愛和被重視的感覺，也重新找到生活的意義。女人的婚外情較注重精神感受，如果沒有情感她們不會接納對方的身體，而一旦發展至肉體關係，她們對情人的忠誠度會越來越高，很容易全身心地陷進去。

女人外遇有的純粹是報復丈夫不忠，有的是為了物質慾望偷偷做那些權貴男人的情人，有的只是為滿足享樂的目的。但人妻成為小三還是會有心理負擔，也許在身體上她們享受到很多美妙的感覺，但她們不能像單身女性一樣公開伴侶，也不能像已婚女人一樣光明正大接受先生的愛，靈魂深處她們是孤獨的。

女人出軌背後的根源通常是婚姻出了問題，這些問題有的確實應該由夫妻雙方共同承擔，比如多溝通，讓情感或性愛問題能改善，有些就需要當事人調整自己的心態，這樣才能有助改善婚姻關係，避免陷入出軌的惡性循環。

辦公室常常是外遇的溫床

辦公室戀情常見兩種，一種是長官與下屬，一種是部門同事。人與人相處很容易日久生情，特別是在工作上合作愉快且個性契合，便很容易由工作默契轉為心靈互通。結婚幾年後，多數人和另一半逐漸在心靈上形成一道牆，有些話不能說，有些話不想說，情緒一旦尋到出口便潰堤而出，由精神的交融進一步成為肉體的分享。

公司主管和下屬、老闆和秘書之間是極易發生外遇的組合，即使雙方都已婚也是如此。老闆與小秘書之間雖然年齡可能有差距，但老闆的地位和權威是可以彌補年齡差距的優勢。有了這層曖昧關係，男人上班的心情會特別愉快，對事業的企圖心也會再度旺盛起來。

若是公司同事，由於互動相處的時間比和另一半多且有共同話題，戀情也特別容易滋生。男女雙方有了好感，觸及感情後慾望會不斷加碼，想要得到比已擁有的更多，在性慾快速道路上奔馳的兩人，心中是沒有紅綠燈的。

無性生活婚姻怎麼維持？

知名節目主持人于美人曾在電視節目中探討無性婚姻，28歲人妻自曝和老公結婚5年還是處女，老公也還在室，雖然兩人也會接吻、擁抱、起生理反應，但老公最後寧願DIY也不願與妻子真槍實彈上戰場，讓老婆苦吞長夜的淒涼，主持人聽後當場嚇壞了！

知名銀色夫妻檔名導演楊德昌與歌手蔡琴，他們的結合曾受萬方祝福，最終黯然分手，這段婚姻便是著名的「無性婚姻」，發起者是楊德昌，他說：「我們應該保持柏拉圖式的交流，不讓這份感情摻入任何雜質，不能受到任何的褻瀆和束縛。因為兩人的事業都有待發展，要共同把全副精力放到工作中……」，這段論述後來成了談論無性婚姻議題總要引用的經典台詞，但柏拉圖式的婚姻日後證實只是男方外遇的託辭，在婚姻之外，與另一名女性，他要的就不只是這樣的感覺。

如果不是夫妻雙方都對性事無需求，那麼「無性婚姻」就會出問題，不論是生理或是心理引起的無性婚姻，只要當事人願意，以現代的醫學其實都可以解決。

沒有性生活的婚姻其實就是離婚的高危險群，夫妻之間會走到性趣缺缺，大多是忙於生活或工作，疏於陪伴與經營性生活，當房事淪為公式而失去新鮮感，或因工作太累無力做愛，也可能因夫妻溝通不良演變成抗拒親密行為，久之便成為無性婚姻。要改善無性婚姻可以從以下三點著手：

1.讓性愛不無聊：只要做一些小改變就能輕鬆享受浪漫的性愛。首先，避免固定的做愛時間和地點，若平常都是睡前在臥室進行，可改為白天或是在浴室一起洗澡時進行；還可藉由情趣用品讓女方先達到第一波高潮，在男生進入之後就會有較明顯的快感與互動。

2.多留一點時間給對方：不要把精力全部貢獻給工作或朋友，休假時應該多留時間給伴侶，也可安排兩天一夜的輕旅行，外宿的夜晚就能喚醒熱戀時的熊熊慾火。

3.凡事要溝通：夫妻若經常爭吵或溝通不良，心裡的埋怨便會產生隔閡，女人的身體自然會抗拒男人的觸摸。所以，有什麼想法或意見要以不傷人的方式傳達給對方，彼此協調出一個雙方都能接受的模式，婚姻及感情才能長久。

日本是世界上綠帽子最多的國家！

根據一項日本所做的外遇大調查顯示，已婚男人外遇的比例是18.6%，已婚女人則是16.9%，這數據說明男女性對婚姻的忠誠度其實差不多。

作為一個島國，日本文化獨立於世界之外。與人相處溫和有禮，甚至常被較隨性的西方人認為太多禮了；做事態度嚴謹細緻，甚至要求分毫不差；飲食精緻清淡，堪稱長壽民族。而看似拘謹、保守的日本人，他們對於情慾解放的態度卻讓世人刮目相看，為什麼會如此？有人認為是日本人為了守禮使得白天太壓抑了，夜晚的解放是為了平衡心理，否則日日在職場被禮數壓榨如何撐得下去！

由於夜晚的解放需求，使得日本的情慾產業蓬勃發展，甚至外銷全球，號稱情慾書寫大師的渡邊淳一所著的《失樂園》就是一例，這個述說外遇的故事，不管是原著還是改編成電影都是大熱門，除了大師的文筆精彩，還因為這個故事毫無保留地演繹了日本人表面保守、內在狂野的典型，對於情慾的描繪更是入骨入髓，堪稱外遇文學經典，以下就從《失樂園》來展開對日本的外遇觀察。

一向循規蹈矩的松原凜子是位美女書法家，38歲，外號「楷書小姐」，25歲時相親嫁給松原晴彥醫生。松原雖然醫術高超卻生性木訥，對妻子總是冷冰冰。婚姻中得不到丈夫關愛的凜子，和事業不得意的50歲上班族久木祥一郎發生婚外情，凜子深陷於從未感受過的肉體歡愉致無法自拔，久木亦因事業不得意而將時間投入對凜子的感情。

兩人由在旅館幽會發展至賃屋同居，由隱瞞配偶發展至不在乎婚姻的存續。凜子的丈夫後來透過私家偵探得知妻子外遇，他告訴她絕不會離婚。真相爆發後凜子受到母親的嚴厲責備，久木的工作也因一封黑函使他被下放，最終選擇辭職。

一心相愛的兩人因戀情不見容於雙方家人，於是有了在「愛的頂點中死去」的想法，以便讓愛的關係能永不分開。於是，凜子與久木在她父親位於輕井澤的別墅裡，於性愛高潮時雙雙服毒自殺殉情。

根據日本產經新聞社調查顯示，有49%的日本女性承認有過外遇，這意味著一半的日本男人都被戴了綠帽子，日本已經成為世界上綠帽子最多的國家！據日本雅虎2016年的報導，日本男性要求做親子鑑定的人日益增多，連

續4年每年都有10%～15%的增長，而提出鑑定者男女方各佔40%，還有20%是由孩子的祖父母輩提出，而鑑定結果也出人意料，其中20%顯示「沒有親子關係」。

日本女性給人的印象多是溫柔順從，何以會有這麼多人妻出軌？以下就來探究她們出軌的動機與理由。

1.有閒：現在仍有很多日本女性婚後就辭去工作做全職太太，白天先生上班、小孩上學，她們很閒。

2.有錢：雖然日本大男人主義嚴重，但很多男人仍有薪資如數上繳的習慣，所以已婚女性掌握著家裡的經濟大權。

3.空虛寂寞：掌握經濟大權的妻子除了相夫教子做家務，精神生活其實很空虛。

4.對大男人主義的反抗：日本男人自認承擔養家重任而輕視妻子，下班後跟同事上小酒館，把家當旅館，不顧妻子的感受。

5.追求平等：日本社會對男性出軌持「默許」的態度，有「覺悟」的女性開始追求平等。有個笑話說，當被問「老公外遇怎麼辦？」韓國女人說：「馬上離婚」；中國女人說：「我殺了他」；日本女人說：「我也去搞外遇」。

6.享受更好的性愛樂趣：俗話說「30如狼，40如虎」，隨著年齡增長，女性對性的需求也會階段性增長，而中年男性性能力下降，常把房事當例行公事敷衍了事，性慾高漲的中年女性只好向外發展。

7.對浪漫愛情的幻想：很多日本女性發現婚前體貼溫柔的男友婚後變成蠻

橫又不可理喻，心中渴望浪漫的愛情再現。

8.遲來的「真愛」：很多外遇是起因於「偶然遇到了前男友」、「在旅遊或出差途中遇到帥哥」、「辦公室男上司實在太迷人」等，與家裡討人厭的丈夫相較，女人當然義無反顧選擇「真愛」。

奇怪的是，多數日本男人覺得老婆可能出軌還假裝不知道，即使已經證明妻子有外遇也只會旁敲側擊做提醒，希望妻子迷途知返。為什麼會這樣？眾所週知，日本男女出軌的比例不相上下，這表示男人可能也出軌，怎麼好意思指責別人呢？或者說日本社會已經默許了出軌文化，他們對外遇司空見慣，習以為常。

再者，日本男人比女人更怕離婚，因為離婚會讓自己沒面子，且一般日本企業非常重視男員工的婚姻狀況，若因妻子出軌而離婚會被認為無力「治家」而有礙升遷，也因此日本男女對於出軌的容忍度都是驚人的。

婚姻制度

中國文明五千年，在史前曾出現漫長的群婚雜交時代，最明顯的特徵是「民知其母而不知其父」。婚姻制度究竟起源於何時？據史學家考證，初步婚姻制度的建立應始於距今7千多年的新石器時代，當時的人類已經能製作陶器、紡織，也有了農業和畜牧業，於是開始了定居生活，而這正是婚姻制度建立的基石。

漫長的人類文明進程，婚姻制度大致可歸納為四個演變階段：血婚制、夥婚制、偶婚制和一夫一妻制，但早期的一夫一妻制與今日的一夫一妻制仍有極大差異。現代意義的一夫一妻制起源於歐洲，歐洲從古代就在法律上嚴格規定一夫一妻，這種制度的形成主要是由於私有制的發展，由於男性掌握經濟大權，女性處於從屬地位，父親的財產只能由出自他血緣的子女繼承，因此妻子必須嚴格守貞；再者，從遺傳學角度看，一夫多妻或一妻多夫制的家庭型式肯定比一夫一妻制會產生更多後代，那麼在經過若干世代以後，新結合的夫妻雙方具有重複基因的可能性和機率就會大增（也就是近親交配的可能性增加），所以說，一夫一妻制更符合遺傳規律，對人類的健康更有利。

●摩門教與伊斯蘭教的一夫多妻制

耶穌基督後期聖徒教會的摩門教徒領袖楊百翰（Brigham Young）表示，一夫多妻是教徒神聖的使命，並宣佈這是該教派的正式教規，他還以身作則，總計他一生有55個妻子和59個孩子。直到1930年代，這種行為被教會摒棄，並被該教派所在的美國猶他州禁止，違者可處以監禁和相當於現值1萬美元的巨額罰款。

該教派的一夫多妻制可回溯至聖經時代。神有時為了完成祂特定的目的，會透過先知准許多重婚姻的制度，幾位經文中的人物像是亞伯拉罕、雅各、大衛、摩西等人都有多位妻子，但那並非像一些批評所指控的是為了縱慾而制定，而是只有在主的吩咐下才能實行，以帶來新的世代，做為對當時聖徒信心的考驗，並讓配稱的女性有機會印證到永恆家庭中。

隨著19世紀接近尾聲，當時的政策對教會成員來說已變得極為嚴苛，就在那時，教會第四任會長先知惠福．伍獲得啟示，指示教會應該停止實行一夫多妻，使這個制度大約在1890年左右正式告終。如今，所存教徒在以畜牧

業為主位於猶他州和亞利桑那州邊境的偏遠城鎮肖特克里克定居，這裡只有少數居民，是躲避聯邦法警搜查的絕佳地點。

另外，伊斯蘭教也被認為是支持一夫多妻的宗教，在其聖典《古蘭經》中提到：如果你們恐怕不能公平對待孤兒，那麼你們可以擇娶你們愛悅的女人，各娶兩妻、三妻、四妻；如果你們恐怕不能公平地對待她們，那麼你們可以各娶一妻，或以你們的女奴為滿足。這是更近於公平的。

《古蘭經》明列穆斯林男子最多可有四位妻子，傳統上他們在迎娶第二位妻子時不需要得到第一位妻子的同意，因為經文及聖訓都沒有這樣的規定。不過，現代許多穆斯林國家都規定他們需要取得第一位妻子的同意才可迎娶另一位女子；另外，丈夫需要公平地對待妻子，不能為了取悅其中一位而傷害另一位，如果不能做到這個要求則只能娶一位妻子。

伊斯蘭教雖允許有限制的一夫多妻，但並不鼓勵，理想家庭仍是一夫一妻，且多數穆斯林的婚姻都是如此。

●婚姻這座城你想怎麼進？

一個朋友的女兒在婚禮前夕突然告訴她的父母要取消婚禮，理由是她認為如果和這個男人結婚婚後她一定會劈腿，為什麼她能如此勇敢？就我所知，這個女孩看了一本由某婦產科名醫所著關於性愛的書籍，書中敘述「性自主」的觀念，啟動了她身體的性愛開關，她頓悟，準備跟她結婚的這個男人必定無法滿足她的需求，與其婚後彼此抱怨，不如當斷即斷，省得日後還要出軌、離婚，多此一舉！

把婚姻稱作「城」，大概起源於民國才子錢鍾書的名作《圍城》，說的是「裡面的人想出來，外面的人想進去」，這要在現代可就情況丕變，因為既知是個「圍」城，悟性高的人早早看清根本不想踏入，而玩心重的人也不在乎「圍」，想進就進、想出就出，使得現代婚姻這座城已是千變萬化，隨人各自玩出新花樣。

生在現代，不管你是喜歡一夫多妻，或是偏好一妻多夫，曾經你無從選擇，只能接受「一夫一妻」，正哀嘆生不逢時，哪知就在近日我們的社會已經可以合法成立「兩夫」或「兩妻」的家庭，偉哉，我們的政府！

姑且不論你是否支持「同婚」，一場好的婚姻和組成分子的性別沒有關係，不管是「兩夫」、「兩妻」或是「一夫一妻」，婚姻要和諧、持久，還在於兩人有共同的目標及願景，若兩人相處久後出現個性不合、性生活頻率降低等對婚姻失望的現象，就稱為婚姻倦怠，而它正是導致外遇、離婚的先兆。

面對日益脆弱的婚姻制度，夫妻必須努力加強婚姻中的性樂趣，一些由雙方均同意執行的性遊戲就是很好的調味劑，讓婚姻關係能歷久彌新。

●「換妻」真相披露！

換妻，顧名思義就是「交換老婆」，這是字面上告訴你的，但字面上沒說的，換妻也意味「換夫」，簡單地說就是交換老公、老婆。可以是兩對夫妻互換，也可以數對夫妻輪流換。兩對夫妻互換沒什麼技巧，不須贅述；如果是數對夫妻輪流換就牽涉到公平性，有很多細節必須先說清楚。

通常會組成「換妻俱樂部」（這是約定俗成的說法，但為什麼不說「換夫俱樂部」，我想這些事大都是由男人發起，怎麼能說自己被換，面子問題，所以說「換妻」）多是職業或專業背景相同，像我就知道台灣南部有個由某高收入族群組成的「換妻俱樂部」，關於該團體所能告知僅止於此，勿再進一步追問。

群體的關係要長期維繫需要成員間合得來，男性的職業或專業背景相同成為第一要件，其次，男性成員的「妻」在外貌、氣質上也不能相差太多，否則必定被其他成員「排擠」而不能入群；一個「換妻」族群人員也不能太多，多了不好辦事，且人多嘴雜露了口風也不好，所以通常以5～6對夫妻為限。

人員有了，接下來看怎麼「交換」。就我所知，抽籤是公平的好方法，活動每1～3個月舉辦一次，第一次採抽籤，接下來依排定次序照輪，也就是每個「丈夫」每次會配到不同的「妻子」，直到族群裡每個對象都輪過，那麼第一回合「換妻」算是完成，遊戲地點可以是各自帶進汽車旅館，或是集體出國時交換房間；接下來若大家還意猶未盡就再來第二輪，但通常想要「換妻」必然是想要新鮮感，一般情況下是另起爐灶或邀請新成員加入，規模越做越大。

但上面的狀況是「說好的」、「檯面上的」，「沒說好的」、「檯面下的」就不在規範內，各憑本事，而問題也就在這裡出現了。

還在說好的「換妻」時程內，有些丈夫與別人的妻子看對了眼，展開私下幽會，打得比應該換的妻、或是自己的正牌妻還熱，這種感覺通常藏不住，讓原本說好的遊戲走了味，便無法再繼續玩下去了！

還有一種情況，換了妻、換了夫，原本平淡的生活像是活了過來，才驚覺「生命的意義在喚起性愛的無限潛能」，從此走上不歸路，婚姻也就跟著玩完，且通常以妻子回不去的情況較多，所以玩「換妻」前要想清楚，風險可是男人要承擔！

「換妻」在道德意義上仍然無法被一般人接受，但它與外遇不同，外遇是在配偶不知情的狀況下發生，換妻則是夫妻雙方均同意參與，所以成年人如果能把握分寸，不傷害他人的情感及身體（防性病感染），男歡女愛、你情我願，外人好像也不便置喙，不妨將之看成另類性開放的婚姻形式。

玩「換妻」遊戲通常由男人提議，妻子會比較保守而退縮，先是驚疑，待真正進行後女人反而比男人投入，更熱切期待下次的相遇，為什麼會這樣？因為在大多數家庭中，夫妻往往長期因為家務爭執而把感情消磨殆盡，讓性事變得平淡無奇，女人的性慾望不像男人有許多疏泄管道，使得心理充滿苦悶，換夫的機會對饑渴的女性身心無疑是久旱逢甘霖，加上打野食的男人必然使出渾身解數，全身心讓女人達到極致的性愉悅，女人很快就食髓知味，期待這種遊戲一直持續下去。

男人在經過換妻後，對於妻子和其他男人上床往往會採取比較寬容的態度，這個心結一旦打開，發現妻子仍然天天在身邊，一如過去照顧自己的生活，源自內心的不安全感便會消失，對妻子肉體的佔有慾會減輕，如果感受到妻子因此而更快樂，對自己的忠誠度仍然不變，還因為對丈夫給予的寬容和快樂充滿感激，必然對丈夫的感情更加深，丈夫不但不會嫉妒憤怒，反而樂見妻子向他坦白的外遇，且常常會轉而與妻子分享快樂。

其實男人對於女人的佔有慾一則源於自私的心態，一則源於不安全感，後者是害怕女人拋棄自己投入別人的懷抱，所以對於妻子的肉體給其他男人分享本能反應是激烈排斥，但在事發過後，男人會看見妻子的另外一面，驚覺妻子對性的強烈慾望而重新點燃對妻子的慾火，再次把情慾的目光投向妻子。

妻子的肉體若經過其他男人的淬煉、愛撫之後，全身的性愛細胞頓時甦醒過來，彷彿春天時郊花在金色陽光照射下遍野開放，使女人如春蛹化蝶神采飛揚起來，男人重新發現妻子的性感與嫵媚，夫妻的感情肯定比以前更加緊密。

在換妻之後，有些男人會主動替妻子尋覓做愛對象並分享她的快樂，這又屬於另一種形式的婚姻性遊戲。

通姦有罪嗎？

知名作家、前文化部長龍應台在行政院院會上一句「通姦罪是落伍的法律」，讓通姦除罪成為各界討論的焦點。

至今，全世界仍有通姦罪的國家非常少，亞洲有通姦罪的非回教國家只剩下台灣，美國部分州仍保留通姦刑責，英國僅就「持續性」通姦予以處罰，若僅是1、2次出軌則不罰；德國自1970年4月起已對通姦除罪，當時參考北歐國家通姦除罪的實證經驗，發現通姦罪的廢除並未影響人民對於婚姻意義的認知；法國的通姦罪於1975年刪除；義大利在1969年宣告通姦罪違憲後廢止；日本刑法原就有夫之婦與人通姦設有處罰規定，至於有婦之夫與人通姦則不罰，該規定於1947年廢除；韓國大法院於2015年2月以通姦罪過度侵害人民性自主權與隱私權而宣告廢止。

婚外性行為其實是情感問題，要不要用法律去規範社會有不同見解，部分妻子告了先生之後因經濟考量又會對先生撤告，只告小三；經統計判決結果，女性被判刑的比例高達52%，也就是說，通姦罪立法多年並沒有阻卻通姦及達到嚇阻的作用。但通姦除罪不代表就無法透過法律懲治或防止配偶出軌，民法對於配偶侵權仍有補償規範。

一份針對通姦該不該除罪的網路投票結果顯示，支持者佔63%，反對者佔37%，各持的立場如下：

支持

1.通姦罪是落伍的法律，應該廢除。

2.道德不應用法律處罰，婚姻結合是靠情感維繫，以刑法規範有父權思考之虞。

3.許多國家將通姦除罪，台灣是少數保留的國家之一。

4.通姦罪實質造成了懲罰女性的效果，包括小三及自身外遇的女性。通姦罪無法阻止社會上普遍可見的男性外遇，這樣的結果有違性平。

5.本想藉由通姦罪來限制對方，最後卻是懲罰自己。

反對

1.通姦罪是維持婚姻穩定的重要規範，犯錯者應受法律制裁。

2.在相關配套對已婚婦女的保障仍未完整的情況下，冒然除罪不妥。

3.通姦罪雖限制人民的性自由，但這是為維護婚姻、家庭及社會秩序，並不違憲。

4.由於女性多為經濟弱勢方，一旦丈夫外遇，刑法通姦罪還可協助配偶請求民事賠償，對弱勢方較有保障。

5.可先行修改現有民法條件，例如放寬離婚條件及贍養費請求規定等，再討論廢除該法。

值得觀察的是，反對方的一大勢力是「徵信業者」，顯而易見，他們的主要目的不是保護女性權益，而是保護他們所屬的產業利益，試想，通姦若除罪，誰還要花錢蒐集另一半出軌的證據。根據法務部統計，近年違反妨害婚姻和家庭罪的男性被告有1636人，比女性多，但最後往往是老婆對老公撤告，只告小三，因此遭定罪的女性人數高於男性，這正凸顯了社會想以法律約束人性想出軌的荒謬。

同居與試婚

隨著社會發展，人們觀念改變，現在很多情侶在交往一段時間後都會同居。很多人認為婚前同居可及時發現兩人是否適合在一起，如同「試婚」，但試婚與同居有不同嗎？嚴格一點說，試婚是以走向婚姻為前提的同居，而不以結婚為目的或未曾思考是否走向婚姻者則為單純同居。婚前同居或試婚到底好不好？以下的數據可能顛覆你的想像。

●同居

研究顯示，**經同居而結婚比未經同居而結婚的夫妻離婚率高出46%，且婚前同居的時間越長越容易離婚**，原因在於同居/不婚的時間越長，表示雙方更願意追求獨立自主，而不願受婚姻的束縛，因此不結婚或結婚後離婚的可能性更高。有「華人音樂教父」之稱的藝人羅大佑與同為台灣電影傑出工作者李烈，在高調同居12年後決定走入婚姻，豈料，這場短命婚姻不到2年就結束了。

根據專家研究，男女對於同居的目的有所不同，她可能認為兩人正一步步走向婚姻而選擇同居，豈知他可能只是想有人做伴、有性生活而已。2004年，一項對全美近1千人所做的調查發現，婚前同居的男性忠誠度比婚前不同居的男性低，而女性則沒有這種情況。

婚前同居的優點包括：可天天一起吃飯，一起生活，一起為人生的理想奮鬥，感情會越來越牢固；可較多了解對方的性格及生活習慣，確定兩人是否適合；在同居生活中找出彼此都能接受的家務處理方式；學會獨立，包括家務、經濟，更重要的是脫離原生家庭後的思想獨立；若發現兩人不合適分開就行，不像結婚後還要離婚，簡單多了。

至於缺點，像是沒有私人空間；失去思念對方的感覺，容易出現感情疲勞而不珍惜對方；為生活瑣事起口角，最後因沒有婚姻約束而輕易分手；付出感情後最終如果不能結婚，會對心理造成傷害；責任感降低，尤其是男性，會覺得同居很容易而輕易說分手。

●試婚

試婚除了同居的要素之外，性生活是否和諧也是重要的一環。現在很多離婚案例都是以性生活不和諧告終，試婚可以檢驗雙方對性生活的需求是否一致，如果出現問題可及時調整，如果實在無法配合，一拍兩散也行，不然等到結婚之後才發現，要分手就相對複雜了。

某網站一則婚戀報告指出：高達86%的男性願意試婚，僅有36%的女性願意，可見在試婚這件事情男生顯得較主動；而不同年齡層女性對試婚的態度相當一致，男性年齡越低願意的比例越高。

正面看待試婚，它可以全面了解伴侶的人品及生活習慣，才能知道彼此是否真正合適；但要知道，試婚雖然打破了婚姻的舊權威，卻不是降低離婚率的保證。從另一個角度看，試婚為某些玩世不恭的男人提供了玩弄女性的機會，一些女性不注意避孕，多次墮胎，導致健康受損，還有些人以試婚為名行濫交之實，實在不可取。

以下提出同居/試婚的幾個應注意事項：

1.經濟問題：熱戀期間為了博得女生好感，大多由男方負責開銷，但同居後開銷就不應由一人承擔了，女生對此要有心理準備，以免同居後不能適應。

2.個人隱私：建議仍要保留私人空間，不然很快就會被彼此如監視的眼神折磨到崩潰，感情也會很快走到盡頭。

3.家務分工：兩人要商量好如何分配，這是責任，也是義務。

4.性行為：如果你們的感情沒有好到論及婚嫁，那麽最好謹慎進行性行為，避孕措施一定要做好，否則一旦意外懷孕，兩人的人生計劃就有可能因此改變，不只造成負擔，甚至會傷害身心。

●退婚

都訂好了也能退——大陸一線女星范冰冰情變退婚的故事

男女雙方在試婚、同居之後結婚之前還有一件事，就是訂婚，會要訂婚通常是已認定了對方，準備要「執子之手，與子偕老」，怎奈走到了這一步還是有人反悔，只能說世事多變，沒有絕對的真理就是真理！

2019年歷經因「陰陽合約」導致逃漏稅風波，繳了4.3億人民幣稅金求得脫身的中國一線女星「范爺」范冰冰，風波平息後不多久便無預警宣布與已訂婚、同為中國一線男星的李晨分手，雙方同步對外宣稱：「我們不再是我們，我們依然是我們。」

范冰冰和李晨因為一張「我們」的照片在2015年公開認愛，李晨更於2017年向范冰冰求婚成功，沒想到社會還在驚嘆真愛仍然存在時兩人竟宣告分手，結束論及婚嫁的4年情！

儘管在女方事業跌到谷底時兩人還不離不棄挺過低潮，沒想到雨過天晴後竟選擇分手，有多事的媒體爆料，范爺背後有軍師操盤，兩人很可能為了某些目的「假分手」；也有人臆測他倆根本無心結婚，「這幾年在一起，范冰冰看中李晨親戚長輩的軍事背景，李晨則覬覦范冰冰娛樂圈的人脈」，所以分手是遲早的事。

名人退婚事件受關注，被當成茶餘飯後閒嗑牙的素材或許是身為藝人的無奈，但曾經相許的兩人走上分手的路，心裡必定還是會受傷，但好在婚姻諮商專家對此提出了正面看法，勸告不合適的兩人在婚前分手應該高興才對，一旦走入婚姻後再分手必然傷得更重，訂婚只是一種家庭儀式，不具法律效力，退婚並不可恥，兩人之中有一人覺得無法共同生活而打退堂鼓其實是誠實的做法。

離婚

根據統計，台灣的離婚率在2006年來到歷史最高的2.6‰，之後雖有下滑跡象，但2015年又從2.28‰成長到2.3‰。內政部也公布最新統計，2017年全台有13.8萬對結婚，結婚率5.86‰，為2010年以來最低，比起2016年少了近1萬對；相對的，2017年離婚率2.31‰則是創下5年來新高。

對於結婚少、離婚多的現象，兩性學者何春蕤表示，根本原因是社會變遷，現代人自主性變高、容忍度變低，且台灣社會的氛圍正在教導下一代無論對事、對人都針鋒相對，使得人與人變得不好相處，一些傳統價值如寬容、忍讓都被摒棄，長此以往，台灣將由群體社會變成個人社會，結婚率下降正是這種危機的顯現。

另外，現在年輕人對走入婚姻考慮因素比以前多，一旦認為結婚比單身增加更多負擔，就寧願選擇不婚；再加上景氣長年不佳，不少年輕人陷入低薪困境，在現實生活的壓力下使他們不想走入婚姻。

●婚姻真是愛情的墳墓嗎？

常言「相愛容易相處難」，又言「婚姻是愛情的墳墓」，維持婚姻真有這麼難嗎？也不過半世紀前「離婚」一事猶讓人難以啟齒，現如今，離婚了還要辦「恢單」派對，究竟是什麼導致現代人婚姻難以維繫？

台灣的離婚率高居世界第二、亞洲第一，全年約有5.5萬對夫妻離婚，且57%為結婚不到10年就離婚的怨偶。專家表示，根據生心理狀態綜合評估，最佳的結婚年齡為28～32歲，過了32歲，每晚1年結婚，離婚的機率就相對增加5%。這個統計數據和一般人認為「愈晚結婚婚姻狀態越穩定、離婚率愈低」的想法正好相反，合理的解釋是，女性年齡愈大，通常經濟愈獨立，對自己更有自信，在情感上依賴他人的情況就相對減弱，即使走進婚姻，基於個人的想法及根深蒂固的習慣，才發現兩人相處的難處，雖不一定會發生衝突，但難免不開心，日久終究應驗了「因不瞭解而結合，因瞭解而分開」的魔咒。

「愛情是美好的，但在婚姻中很難長久維持下去！」知名歌手林憶蓮談到她和音樂才子李宗盛的一段情，下了這個結論。要避免婚姻成為愛情的墳墓，專家提醒，維持美好的愛情要靠豐富精彩的性生活，美好的性生活會不斷創造激情，為婚姻注入源源不絕的新能量！古人有云，「夫妻床頭吵，床尾合」，不就是這個道理。

●近年十大離婚原因

「好好的，為什麼要離婚？」這是很多人對身邊親友離婚的困惑，事實上，如果「好好的」當然不需要離婚，只是很多時候離婚的原因不足為外人道，只能說「寒天飲冰水，冷暖自知」，以下看看根據網路調查近年國人離婚的十大原因：

1.外遇：網路科技蓬勃發展，大大增加了外遇的便利性，但「水能載舟，也能覆舟」，外遇被揭發許多也是經由手機的通訊功能。

2.沾染惡習：首惡是賭博，其次是酗酒，染上毒癮的也很多，這些惡習都讓家庭生活無以為繼。

3.肢體暴力：不只造成身體上的傷害，更可能造成內心的恐懼與絕望，留下難以抹滅的傷痕。

4.語言暴力：尖酸刻薄的話最傷人，且經常是說話的人忘記了，聽的人卻記住一輩子，也記恨一輩子。

5.教養子女的方式不同：孩子能不能打罵、會不會太寵，夫妻常常意見不同，嚴重爭執後埋下心結，日後小孩表現若不如預期便相互指責。

6.感情變淡：平日各自忙，疏於互動，又因為長年積累了厚厚的怨懟，變成住在一個房子裡的陌生人。

7.求子不得：時代在進步，「傳宗接代」的觀念仍有人奉承，不孕問題不管出在誰身上，都會是婚姻生活很大的缺憾。

8.金錢觀不同：一人出手闊綽，另一人習慣節儉，即使收入足夠開銷，夫妻仍會為了用度爭論不休。

9.性生活不協調：不管男人或是女人慾求不滿，都會造成婚姻危機。其實性愛能力是可以學習的，但許多人忽略了性在婚姻中的重要性，放任夫妻關係惡化。

10.成就出現落差：剛結婚時兩人在職場都才起步，經歷多年的奮鬥，或因機遇、或因付出，使得職場的成就出現了差異，造成心裡的距離越來越遠。

以上十點是常見的離婚原因，如果婚姻瀕危想補救，兩人都要有耐心去找出原因並一一化解，才能使關係重修舊好。

在雙方修復感情的過程中，我要告訴你一條捷徑，那就是維持和諧的性生活，如果男人的性能力讓女人滿意，對女人來說其實一切都好商量；又如果女人也熱衷性愛，不管年齡多大，把自己的體態保持好，對男人來說也有很好的軟化作用，要知道，**良好的性愛關係能為你們爭取很多撫平爭執的緩衝空間，幫助歪斜的婚姻回到正軌。**

●婚後10～14年是離婚危險期

根據調查，國人離婚風險最高的階段為婚後10～14年，這個婚齡段離婚的數量幾乎佔離婚總對數的兩成。根據學者觀察，婚齡10～20年確實是離婚的高原期，原因在於很多女性若有了孩子，即使對另一半再不滿也會選擇忍耐，等孩子長大後，如果經濟自主能力還可以，有的自尋一片天，有的乾脆離婚。

而不管離婚與否，現代許多熟女不忌諱交男友，且男伴很多都比她們年輕，為此，這些熟女經常出入醫美診所進行美容、整型、除皺，為的是讓自己看起來更年輕，不可否認，這是維持外表自信最快速有效的辦法。

還有越來越多熟女想要恢復青春性感的肉體，以便和比自己年輕許多的伴侶同享魚水歡愉，於是求醫施行陰道緊縮整型、陰唇鐳射美白、乳頭乳暈美白及隆乳的女性也越來越多，原因無它，想要追補空白20多年的性歡愉而已！

生養小孩有助維繫婚姻嗎？

對於期待有孩子的夫妻來說，答案是肯定的，當兩人生活目標一致，衝突也較能化解，對小孩的期待也能加深家庭生活的甜蜜。但如果婚姻本身就有問題，生養小孩也不是夫妻的共同期待，這時生孩子不會自動解除婚姻的危機，甚至因為生養小孩後家務暴增、財務負擔增加、雙方家長介入嬰幼兒的照養等，都會製造更多夫妻間的嫌隙。

●怎樣讓婚姻生活不無聊？

婚姻要快樂，不要只是折磨，確實要靠智慧，如果不想要一拍兩散，好好跟對方相處自己也才會快樂。要維持婚姻的新鮮度，就要在平淡的生活中多製造些小驚喜，讓對方感到愛意，這樣才能有助婚姻延續。以下教你幾個讓婚姻生活不無聊的方法：

1.常撒嬌，多讚美：哪個男人不喜歡女人撒嬌，哪個女人不喜歡男人讚美，不要吝嗇你的讚美，另一半的甜言蜜語自然也會多一些！

2.保持笑容：笑容是最融化人心的武器，醫學研究發現，微笑能讓大腦產生快樂的神經訊號，釋放使人心情愉悅的多巴胺，且笑容是會傳染的，妳多給笑臉，他也會回以微笑。

3.適度裝扮：好好保養外表也是一種投資，把自己打扮漂亮了心情就會好，讓他的目光只鎖定在妳身上！

4.找時間約會：挑間特色餐廳、看場電影，或是去郊外走走，不用花大錢，一個月一兩次就能保持戀愛時的甜蜜感覺！

5.增加親密接觸：見面時來個擁抱，說話時看著對方的眼睛，外出時手牽手，小小的舉動都能大大提升感情的溫度！

6.一起學習新鮮事：學習使人重燃生命的熱情，培養共同的興趣並與對方分享，生活中就能發現更多新鮮有趣的話題！

7.維持性生活：別以為床事只是滿足男人，女人也很需要，其實做愛能促進大腦分泌令人愉悅的化學物質，性生活貧乏是夫妻疏離的一大元兇。

以上建議的小事若還嫌不夠，想再激情一點，那就花點錢買套性感內衣或情趣玩具，保證夫妻的愛火天天燃燒！

越來越多「草食男」！

「草食男」一詞由日本作家深澤真紀在2006年所創，她觀察到日本30歲以上的男性因為在衣食無虞的時代成長，養成了對事業、戀愛與人生都消極抗拒的態度，他們在婚戀關係上總少了些男子漢應有的主動，甚至對性愛沒興趣，看起來就像一頭只顧低頭吃草的「草食動物」。由於日本經濟長期走下坡，使草食男有越來越多的趨勢，他們表示，只要獨立快樂，不結婚也沒關係。

「草食系」的出現讓面臨人口快速老化的日本政府憂心忡忡，但沒想到在草食系之後竟還出現「絕食系」，也就是男生不想談戀愛，只想專注在自己的興趣，覺得一個人很好，或是覺得與異性相處不如跟同性朋友相處來得愉快，據我的觀察，與日本社會變遷過程相似的台灣也有一群人正步上這樣的後塵。

在台灣，年齡介於25～35歲之間，一個總數約200萬的男性族群，他們之中有超過一半以上的單身人口，這些單身族身處愈來愈開放的社會，容許多元自我表達，加上景氣不佳，收入不豐，讓他們有愈來愈草食化的現象。

其他助長的原因還包括隨著韓星、韓劇在台風行，中性柔美的男明星成為時尚新指標，代言女性用品，顛覆傳統男人就是要Man的印象，讓年輕世代更勇於拋棄傳統的兩性包袱，他們外表斯文，對人生規畫很有想法，重視生活品質、樂於為女性服務，不堅持上一代的男子氣概，陪女生逛街、甚至買衛生棉，被視為新好男人。

亂倫

傳承儒家思想遵奉禮教的東方人，倫理一事在他們眼裡異常重要，君要像君，臣要像臣，父要像父，子要像子，如果規矩亂了便國不成國，家不成家，男女之事更是嚴格規範，絕不能踰矩，否則千夫所指必當無疾而死。

在禮教國度如此，蠻夷之邦就不是這樣。先秦時期，特別是戰國以前，男女雜交、女子喪夫再嫁為常有之事，甚至夫死嫁子也是有的；除此之外，當時年輕男女私訂婚約、私奔的事件也屢見不鮮。

春秋戰國是孔子口中「禮崩樂壞」的年代，夫妻出軌、家族亂倫，混亂的男女關係成為那個年代的常態。結束戰國紛亂的秦王朝推行不少政令，試圖整治這種亂象，然而短命的秦王朝還沒來得及看到政令成效，就走下了歷史舞台。

接續的漢帝國站在秦王朝的基礎上，高祖劉邦聽從蕭何建議以黃老之學治天下，但在寬鬆的政治制度下，社會風氣並沒有多少改變，亂象在皇室中尤為嚴重。燕王劉定國在景帝年間與父親的姬妾私通並生子，後來又強奪弟媳，並與自己的三個親生女兒亂倫，武帝知道後以「禽獸行，亂人倫，逆天」的罪名賜死。

江都王劉建不僅與妹妹亂倫，還喜歡看人獸交，他強令宮女裸體趴在地上與公羊或狗交媾；中山靖王劉勝為人「樂酒好內但奢淫」，生了120多個兒子。上層貴族如此，底層庶民的風氣更可想而知了。好在這種亂象到了漢武帝時終於有了改變，他罷黜百家獨尊儒術，為漢民族注入新血液，這舉措不僅鞏固了國家治理，也改變了民間對男女關係的重新認識。

亂倫？我愛故我在？伍迪・艾倫和他的韓裔養女

不管是在東方禮教或西方宗教的約束下，幾千年來男女情事有了初步的規範，踰矩者不管在東西方都是重罪。但時序進到20世紀，性解放的呼聲日高，離婚、再婚、同婚等傳統觀念不認同之事如今已成家常便飯，這些事織就了一張複雜的男女關係網，前妻、前夫、繼父、繼母、繼子、繼女、養父、養女、同母異父、同父異母，關係多到數不清，在這些關係中年齡與輩分已沒有絕對關係，偶爾繼母與繼子的年齡相當，有時岳母的年齡比女婿還小，這說不清、道不明的親族關係也衍生了一些名為「亂倫」實則無血緣牽繫的愛情故事。

美國知名電影導演、演員、作家、音樂家與劇作家伍迪・艾倫，在年近60時愛上才滿19歲的宋宜，他與宋宜牽手看球賽的照片被登在《紐約郵報》上，頓時使他陷入尷尬的境地。宋宜是伍迪・艾倫女友米婭和前夫收養的韓裔女兒，不滿10歲就隨米婭過繼給伍迪・艾倫，伍迪在她的成長過程中扮演著父親的角色。1997年12月，伍迪・艾倫和宋宜在義大利威尼斯結為夫妻，這名分是宋宜的養母從伍迪・艾倫那裡從未得到過的。對於輿論的爭議，宋宜在接受媒體採訪時說，「我與他在一起時我已成年，我們是兩情相悅」。

●何謂「亂倫」？

狹義的亂倫指發生在有近親關係者之間不符社會倫理道德的性行為，廣義的概念則包括無血緣關係親屬間的性關係，根據台灣現行法律，亂倫指與三等親之親屬發生性行為。

對人類亂倫禁忌的起源有兩種不同的看法，佛洛伊德認為亂倫禁忌是文化現象。由於人類普遍存在戀父、戀母情結，因此為了抑制在家庭成員中自然產生的性慾，必須給世人強加一種亂倫禁忌的道德觀念，他在19世紀末為一名歇斯底里症的女性患者治療時提出了誘惑理論，假設此病人的種種症狀是與她的父親有性接觸，但因為當時社會風氣保守，使佛洛伊德不得不放棄這個理論，改為提出伊底帕斯情結，即指3～5歲孩童對父母中之異性者性慾望需求壓抑的內在歷程。

與佛洛伊德同時期的芬蘭社會學家愛德華・威斯特馬克（Edward Westermarck）的觀點恰好相反。他認為起因是因為熟悉消滅了性慾望，也就是說，兒童發育時期的親密關係導致性吸引力消失，如母子之間，這是自然選擇的結果，因為亂倫後代得隱性遺傳疾病的機率大增，造成生存劣勢。多年來，社會生物學家和進化心理學家做了大量研究，都支持威斯特馬克以遺傳觀點對亂倫的見解。

但並非所有地方都把亂倫看成禁忌，例如歐洲阿爾卑斯山區居民對於兄弟姐妹間的性關係就不感到大驚小怪，古代猶太人也有在丈夫死後妻子就屬於死者兄弟的立法。 亂倫並不一定是在暴力或被脅迫的狀態下發生，雖然法律沒有區分虐待型和親密型的罪責差異，但有許多亂倫的行為是親密型，是互相願意的，某些情況甚至是孩子「勾引」成年人。

有時，父女之間發生亂倫者，父親可能是特殊的精神異常患者，這種人往往是自小被遺棄或受虐，對作為父親的責任缺乏正確的認識，以致在家庭中專橫行事、虐待妻小，這種情況可導致酗酒，酗酒又反過來使他本來已經很薄弱的道德感變得更加模糊，以致將女兒作為發洩性慾的對象，這種家庭的母親往往也比較軟弱，以致無力保護受到父親傷害的女兒。這類母親幼時多沒有得到母愛，不知道自己在性關係的地位，因而沒有擔當起既是母親又是丈夫性伴侶的責任，結果是默默地讓女兒來取代自己。

●被低估與忽略的母子亂倫

母子亂倫雖然少見，但不管古今中外都確實存在。在傳統男性居優勢的社會，母子亂倫事件往往被人們掩飾，即使發生，也多把罪責歸為精神異常，其實國內外許多性心理學家都指出，在有過亂倫行為的家庭中，母親對兒子扭曲人格與變態心理的形成有著不可推卸的責任。

根據中國青少年教育協會的調查顯示，這類事件中約六成母親為半主動。一些女性在離異、寡居、丈夫外遇、夫妻感情不睦的情形下，將兒子作為抒發情慾的「替代品」，還有一些女性和未成年兒子的關係過於親近，忽視了母子的正常關係，對兒子的一些踰矩行為採取縱容和接納的態度。

在這裡要提醒身為人母者，兒子依戀母親是一種與生俱來的天性，因此要借助引導和社會交往及時將之導入正軌；就生物學原理來看，很難保證成年女性的身體不對身邊的兒子構成誘惑，事實上許多男孩在青春期都有偷窺母親洗澡及換衣服的經驗，還有國二學生在學校和同學分享偷窺媽媽洗澡的過程，描述他看到的私密部位，有時也拾取媽媽換洗的內褲聞其味道，還會拾取附在上面的陰毛帶到學校供同學賞玩，因此，家有青春期兒子的女性要在起居、更衣、洗浴、入廁、夫妻親熱等家庭生活上多加注意，避免讓兒子對母親的印象出現性色彩。

將亂倫所引發的問題「簡化」與「妖魔化」並無助解決問題，反而促使亂倫者更加躲在陰暗的角落，甚至以自殺來逃避；曾是亂倫的受害者，由於心裡的陰影及羞恥心的阻礙，若不敢、不願、也不知如何拋開這枷鎖，有些人日後會變成加害人，有些則會出現情緒、行為障礙或人格違常，面對亂倫情事社會應更審慎看待！

●單親家庭母子亂倫的事情為什麼鮮為人知？

時下，母子單親家庭為數眾多，這類家庭中因缺少父權的抑制，使一些青春期男孩的戀母情節演變成母子戀情的情況逐漸增加。我曾接受過一些中

日本最偉大古典文學名著《源氏物語》裡關於亂倫的描述

流傳千年、號稱「日本史上最偉大古典文學名著」的《源氏物語》，書中大量描寫男主角光源氏的亂倫情節，反映當時婦女的弱勢和苦難生活，對日本的文學、文化、社會生活、民族性格的發展起了巨大影響。

故事主角光源氏的母親更衣獨得桐壺帝寵愛，生下光源氏後其他嬪妃愈加忌恨，更衣不堪凌辱生子不到3年便抑鬱而終。

小皇子沒有強大的外戚當靠山很難在宮中立足，桐壺帝不得已將他降為臣籍，賜姓光源氏。光源氏不僅貌美且才華橫溢，12歲行冠禮後娶當權左大臣之女葵姬為妻，但葵姬不遂其意，他又追求桐壺帝續娶的女御藤壺（藤壺酷似光源氏生母），不久兩人亂倫生下一子，後即位稱冷泉帝。

光源氏到處偷香竊玉，向伊豫介的後妻空蟬求愛不成，又向比他大7歲的嬸母六條妃子求歡，同樣都是亂倫。當光源氏拐騙一位不明身份的弱女子

年婦女因亂倫焦慮向我求助的案例，還好後來都沒演變成重大問題。

男人在成長過程中，和母親或長輩如阿姨產生情慾交媾後，他並不會有罪惡感，反而有男性的征服感，當下也不會有想要控制對方的意念，及至長大成年結婚，妻子取代了長輩，男人都會把這段秘密當作一段美好的情慾經驗，母親也會完全守密且用心保護男孩，但為人母者會因無法全然放手，把情慾轉化成對媳婦婚姻生活的過度干預！反觀女性被父親或長輩誘姦，雖然在開始後一段時間內會有享受性快感的愉悅，所以這種情況通常會持續一段時間，但當她成年另有男人後，回想起這段經歷會有罪惡感，在心裡一直想要否認並清洗掉這段記憶，所以會被揭露出來。

夕顏（其實是他妻子葵姬之兄的情人）去荒屋幽會時，這女子不幸暴斃，他為此大病一場；病癒上山寺進香時遇一女童，酷似他日思夜想而不得見的藤壺，後來得知她是藤壺的侄女紫姬，便強將她收為養女，幾年後長成時便據為己有，這是第三次亂倫。

光源氏還曾在宮廷鬥爭時失勢，被迫遠離京城到荒涼的須磨、明石隱居，當地有一明石道人隱居鄉野，是其遠親，他又與道人之女明石姬生下一女（後選入宮中做了皇后），這是第四次亂倫；他還奉旨將桐壺帝繼任者、其同父異母兄弟朱雀帝的女兒三公主（即其堂侄女）娶為正妻，這是第五次亂倫。

對於《源氏物語》的文學地位有人這麼評價：日後出現《失樂園》等一類作品實在無須驚訝，畢竟日本在一千多年前就已經以嚴肅的態度跨越了這道易垮的人性堤防。

老少配

男女配對年齡一般是男比女大，若女比男大傳統的說法是「娶某大姊」，現代的說法是「姊弟戀」，而這都是指年齡差距不大的狀況，若是在一起的兩人年齡存在世代差距，那就要改稱「老少配」，有老夫少妻，當然也有老妻少夫。

老夫少妻：82歲諾貝爾物理學獎得主楊振寧娶28歲女助理

1995年，廣東汕頭大學召開首屆世界華人物理學大會，當時是汕頭大學英文系大一新生的翁帆被選中負責接待楊振寧、杜致禮夫婦，清純可愛的翁帆當時深得科學家夫妻的喜愛，此後多年她和楊振寧夫妻偶有書信往來；2003年10月，楊振寧夫人因病去世；2004年2月，翁帆寄信到美國給楊振寧，之後幾個月兩人密切聯繫，逐漸熟識；同年12月，82歲的楊振寧與28歲的翁帆登記結婚。

記者問楊振寧，會不會擔心年輕的翁帆是騙子？楊振寧回答：「是，我想是有人這麼想，但可能有更多的人會說我騙了一個年輕的女孩子。事實上，我們兩個都是想得很成熟的，我想這是最主要的條件。」楊振寧說，翁帆是上帝送給他的最後一件禮物，說明他們在一起是幸福的。

老妻少夫：巨星伊麗莎白泰勒和她的建築工小丈夫

國際影壇不朽巨星伊麗莎白泰勒一生結過7次婚，她的最後一任「小」丈夫賴瑞（Larry Frotensky）原是一名默默無聞的建築工人，因成為巨星的第7任、也是最後一任丈夫而聞名。

賴瑞比伊麗莎白泰勒年輕20歲，兩人於戒酒戒毒中心認識，並於1991年在已逝流行天王麥可傑克森的夢幻莊園結婚，賴瑞當時39歲，伊麗莎白泰勒當時59歲，據報導，賴瑞簽了一份婚前協議，如果這段婚姻能延續5年，他可以獲得1千萬美金，而差不多正好是婚後5年，他們離婚了。

●老少配有什麼問題？

先要說，「人家喜歡，關你什麼事！」那當然指和諧美好的老少配，君不見當今美國總統川普與辣模妻梅蘭妮雅、銀色夫妻檔賈靜雯與修杰楷、伊能靜與秦昊、楊振寧與翁帆等，不管外人是感動、理解或惋惜，他們都以自己的方式創造各自的幸福。

儘管如此，也不得不承認老少配確實存在著不可抗拒的天然差異，有哪些呢？

1.代溝：成長環境不同，價值觀和生活習性也不同，易因此產生衝突，比如年紀大的往往對網路新鮮事不感興趣，年輕人則每天離不開網路，兩人在一起當新鮮感一過，就必須接受現實的考驗。

2.性生活不協調：作為夫妻性生活必不可少，這一老一少就免不了生理年齡的差距，一旦需求得不到滿足，就有可能發生問題。報載一老夫娶了少

妻，丈夫為滿足嫩妻的性慾，從網路徵得一男子，每週一次讓老婆和這男人在汽車旅館幽會，初期大家都很開心，先生滿足了老婆的性需求、老婆得到了性滿足、男人有錢賺還得到性快感，丈夫為自己的好點子洋洋得意。接著，嫩妻的要求越來越多，要求一週三次，男子嚇得不敢接「應召」電話，惹得夫妻特地跑到男子上班的地方找人，結果鬧成「腥」聞一樁。

3.老病的照顧需求：按照人類自然衰老的規律，當年紀大的一個步入老年，年紀輕的仍處在中壯年，不管是相處還是照顧，對雙方的生心理都是負擔。

4.世俗非議：世上閒人多、口水多，老少配的結合除了考驗兩人的愛情，還要抵抗閒人的口水跟異樣眼光，當事人確實需要多一點抗壓力。

但「關關難過關關過」，誰說老少配不能走到最後？誰說王子配公主就一定幸福？攤開古今中外史，曾經最被祝福、最夢幻的婚姻，如英國的查理王子與黛安娜王妃、韓國的雙宋CP，也都沒能走到最後，所以幸福與否在於兩人的經營，非關世俗眼光。

以黛安娜王妃為例，雖年輕貌美也沒能在婚姻中佔有優勢，其性情端莊優雅，和查理王子的情婦卡蜜拉在外貌上實無法相提並論，但查理王子終究還是鍾情舊愛，這原委旁人很難說得清，也許決勝點在外貌以外的其他因素，比如性愛就是婚姻存續的關鍵所在！這或許也是「小三往往不比正宮美」的又一實證，**年輕未必是本錢，熟女性經驗豐富，性慾及性能力可能更強，做愛時讓男人如癡如醉，更能長久維繫雙方感情的溫度。**

男人喜歡姊弟戀嗎？

大多數男人喜歡照顧女人的感覺，但確實有一些男人不排斥、甚至是喜歡被女人照顧，探究其原因不外以下幾點：

1.缺少母愛：因為家庭因素沒享受過母愛的溫暖，所以他們喜歡年齡比自己大的女人，女伴對他們來說是母親和情人的綜合體。

2.享受生理刺激：熟女的韻味對男人有著不可抵擋的吸引力，她們的床上功夫比起年輕女孩要純熟許多，這讓男人有特別的滿足感和刺激感。

3.想吃軟飯：事業有成或家底深厚的熟女，很多喜歡比自己年輕的小鮮肉，這讓她們感覺青春無敵，小男人若看對眼了，這些姊姊既溫柔體貼還能讓自己衣食無憂，怎麼會放過呢！

不管怎麼配，只要不以欺騙為前提，就儘管去愛，管他人怎麼說！

色誘，是福？是禍？

86歲的「鬼故事大師」司馬中原迷戀相差30多歲的熟女，要為她賣掉價值上億元的房產，成年子女無法接受出面阻擋，結果鬧上新聞版面。

2019年7月，司馬中原子女在臉書撰文表示父親年邁且染小中風，「所思所言也漸不若過往」，加上母親辭世導致父親鬱心深埋，此時家中忽然出現一名女子留住，自稱是父親舊識，要與父親研議劇本，該女子表示與丈夫不合分居，與司馬中原言談投契，「願長年無償照顧，若與夫離異成實，不無成為眷屬的意願」，讓家屬相當不安，但勸說父親無效。據報導，該名女子疑似以代理人之姿欲出售司馬中原價值上億元的「起家厝」，司馬中原的子女擔心父親受騙。

類似事件不多久又一樁，國民黨大老、高齡88歲的總統府前資政徐立德，元配於2009年過世，2013年徐立德與當時47歲、與他相差35歲的女音樂家陳女結婚，但婚後不到3年即分居，徐立德隔年以「價值觀差異」等為由訴請離婚。

徐立德表示，他和陳女的生活習慣、價值觀不同，婚後兩年即分居，期間陳女婚前私事遭其父母披露，陳女為此自我傷害，並以此對他情緒勒索，他已年老身心難以承受，陳女也沒有維持婚姻的意願，因此訴請離婚。法院一審判徐立德敗訴，但上訴後高等法院認為兩人分居期間甚少互動，沒有積極維持婚姻的作為，無回復希望，判准離婚。

這些事件之所以被關注，其一因當事人為名人，其二因當事人身家雄厚，要不這類事件在社會各處隨時可見，但需要探討的是為什麼男人無論年紀多大都逃不過「色誘」（姑且不論司馬中原與徐立德是否遭「色誘」），總讓有心人有機可乘。

權與錢是男人的「第三性徵」，一般來說，老男人或多或少有些資產，

跟他要點珠寶、名牌包，甚至名車、小豪宅都沒問題，這讓拜金女如飛蛾撲火奮不顧身，管他年紀多大。

男人清醒時要控制他的大腦不容易，但提到性、美色，男人就很容易失去理智，專獵老男人的魔女們，於是利用她們最容易到手的武器——美色，口口聲聲說是真愛，其實男人背後的身家才是她們的最愛。

想色誘老男人首先女人的姿色不能太差；第二手腕要高，才能透過關係找機會接近目標；再來要懂得撒嬌，像母老虎一樣老男人會受不了；第四，通常也要相對出示一點個人的社經資本當作釣餌，表明「我不是貪圖你的錢」，但這點再怎麼說老人家的子女多不會相信；第五，要表現出死心塌地、不離不棄的決心，時不時說，「我一定陪你走到人生最後」，當然，不陪他走到最後一切不都白忙，這點姑且就相信她吧！第六，要有高抗壓力，為什麼呢？因為老男人的家人若察覺有異必然群起圍剿，沒有以一擋十的能力，很難撐得下去！

總之，天上不會平白掉下來禮物，奉勸男人們，自動送上門的美色常常有詐，不要臨老入花叢，讓一生辛勤所得轉眼成空。

CH 5 性、權力、男人

男人的私密話題

男人之間的心情分享叫做「man's talk」，他們喜歡談什麼呢？首先是性，他們總喜歡把性經驗、性趣事、女人的裸照分享給好友，古代有文人巨賈把自己的女人送給朋友分享，民初軍閥也常以自己的小三和桌上美食一起招待客人。

到了手機通訊發達的現代，男人間的性資訊傳播更便利、更寫實了，「好東西與好朋友分享」不過就在指「點」之間，但也因為太方便了，使得許多罪惡隱身其中，如果所傳播的圖片、影像來源有犯罪之虞，尤其與名人有關，這種遊戲就會成為緋聞、醜聞。

●韓國娛樂圈接連爆出性醜聞

被稱為「流行音樂天王」的南韓男團Big Bang成員勝利，驚爆涉嫌通過提供性服務來吸引外國投資者入股他的公司，據稱遊說活動發生在韓國首爾的夜總會，他試圖以網路群組為客戶招攬妓女。

另外，因勝利涉嫌性招待、暴力、逃稅等違法情事而牽扯出的超級淫魔韓國歌手鄭俊英也是惡貫滿盈，他下藥、偷拍女星不雅影片並傳播等行事都相當惡劣。

鄭俊英被爆出有「黃金手機」，其中有許多韓國當紅女團成員的電話，更令人驚訝的他還是個偷拍狼！媒體報導，鄭俊英送修的手機裡存了一堆偷拍影片，他甚至在手機聊天室散布這些影片，疑似至少有10名女性被偷拍。據了解，受害人幾乎都是年輕女孩，有的不知道自己被偷拍，有的是被下藥後遭到毒手。

●陳冠希慾照風波

2008年1月底，香港娛樂圈驚爆藝人陳冠希裸照醜聞，當中涉及多位知名女藝人，受牽連的藝人公司先後報案，加上媒體緊迫追訪，該事件隨即引起了香港警方的調查及介入。

該事起因於一名匿名網友於香港討論區的成人貼圖區內發布一張色情照片，畫面中男子貌似陳冠希，女子貌似藝人鍾欣桐，網管人員於數小時後刪除原貼，但已有網友把圖片重貼或轉載，圖片來源疑似是陳冠希送修的筆電。

事發後藝人所屬的娛樂公司發表聲明，叮囑民眾不要轉載與刊登這些照片，否則將依法究責。當晚，一個大陸部落客及時抓取圖片並提供下載連結，使網站存取量於6小時內達到10萬人次，由於流量暴衝，網站不得不臨時關閉。

不多時，網路上又出現一張疑似陳冠希與另一名女藝人的慾照，並不斷爆出新的受害人。由於裸照事件愈演愈烈，陳冠希透過影片向有關人士道歉，承認他拍攝絕大部分照片，而他聲稱拍照時並無公開的意圖，他向被裸照事件牽連的受害人及社會大眾道歉，並宣布退出香港娛樂圈。

●為什麼他們愛偷拍？

偷拍指未經當事人同意擅自竊錄他人私生活影像的行為，這源自「偷窺」心態，加拿大作家霍爾·尼茲維奇（Hal Niedzviecki）表示，好奇心人皆有之，打探他人隱私更是天性；佛洛伊德則將偷窺視為一種病症，認為幼時對性的好奇一旦受到壓抑，成年後就會轉成偷窺的慾望與動力。

因心理問題所導致的偷窺癖患者，最初可能因好奇心使然，終至漸漸上癮而無法戒斷，若以社會心理學的角度來看則是一種權力的表現，使對方的行為曝光在自己面前，讓觀看者有掌控對方的權力感，兩者在無形中也形成一種從屬的階級關係，偷窺者從中得到自我滿足，使偷窺成為一種特權，而被偷窺者則是受到侵犯的弱勢。由此可見，偷窺不單純只是好奇心，也是一種滿足感與權力的掌控。

偷拍者為了滿足自身慾望不顧他人隱私，因小舉動掀起大風暴，以上這些事件說穿了都是性慾在作祟。性靈哲學大師奧修（OSHO）在《奧修說男人》的「性慾狂」中就提到，「性與人類天生就是一體」，他還說，「你是以一個性的生命體而存在，一旦你坦然接受，那麼幾個世紀以來存在的衝突就會冰消瓦解，……當壓抑發生，耽溺就如影隨形。」可見，對於性慾適時疏導確實符合人類的天性。

男人的小秘密

為什麼男人喜愛拍攝做愛過程及女友的裸照？

最知名的案例就是藝人陳冠希的慾照風波及夜店貴公子李宗瑞「撿屍」事件，不過兩人的情況不同，被陳冠希拍攝的對象都是清醒而自願，李宗瑞則以偷拍居多，所以陳冠希不必擔負刑責，李宗瑞疑似在昏迷女性後偷拍且性侵，所以被判重罪。除了這兩人，媒體也屢屢報導男女分手後男人有所不甘故意散布兩人交好時所拍裸照的新聞，韓國男星也傳出把交往過的女藝人清涼照與好友分享的醜聞。

在手機使用已高度普及的今日，做愛時互拍裸照或把過程錄影已是普遍現象，許多被揭發的外遇事件也都是從手機裡洩露出來的。其實不管男女，人們都喜歡在做愛之後觀看對方的裸照，尤其女人更喜歡看兩人做愛時的錄影片段，因為在做愛當下只有體感，頂多只看到對方的臉而看不見身體，看照片和錄影就好像看電影，可看到美好性感的兩個軀體，還可以仔細觀看細部，連女人都會很興奮！男人也喜歡一看再看，並當成寶物一樣收藏，或是和好友分享交流。

權力與性

「權力是最好的春藥」，這不只是美國前國務卿季辛吉的名言，而是至理真言，因仰慕權力而發生的男女關係與金錢交易不同，在權力面前，「施」與「受」的雙方都心甘情願，更如飛蛾撲火。而這類「腥」聞也總能引來如嗜血鯊魚的媒體，因為大家對這些事都很有興趣，新聞媒體更不愁沒有這類報導素材，因為有權力的男人都很有「性」趣！

●「淫魔」艾普斯坦

美國富豪傑佛瑞・愛德華・艾普斯坦（Jeffrey Edward Epstein）被媒體稱為「淫魔」，他往來的名人包括美國前總統柯林頓、現任總統川普和英國安德魯王子，他曾被依販運未成年人賣淫等罪名關押入獄，2019年8月10日上午他被發現在囚房內不省人事，送醫急救後仍不幸死亡。

艾普斯坦擁有一架私人波音727飛機，記錄顯示，2002年9月艾普斯坦與美國前總統柯林頓等名流一同搭乘這架私人飛機前往非洲從事娛樂活動，艾普斯坦的這架私人飛機被媒體嘲諷為「蘿莉塔快遞（Lolita Express）」，指快遞「小女孩」之意；根據飛行記錄，柯林頓共搭乘這架私人飛機26次。

川普在2002年就任總統之前談到艾普斯坦時說：「我認識傑佛瑞15年了，很棒的傢伙！和他在一起很愉快，他甚至像我一樣喜歡漂亮女人，其中很多還是很年輕的那種。」

艾普斯坦遭控性剝削的少女中年紀最小的只有14歲，他每次支付數百美元要受害人替他按摩、提供性服務，並要她們延攬其他少女。一名受害人指控艾普斯坦把她們當「性奴」，她曾同時被迫與多名美國政商名流性交，包括州長、前參議員、模特兒經紀人等，但這些人對指控均予以否認。

●希特勒與伊娃・布朗

德國納粹領袖希特勒一生有8個女人，其中僅伊娃・布朗成為他的妻子。伊娃出生在一個教養很好的老師家庭，修道院畢業後進入英國女僕學院就讀，她和希特勒在1929年相識，這段地下戀情在希特勒前任女伴格里自殺後才獲得證實，至於婚姻，希特勒曾表明「這是不可能的」，許多論點也認為這兩人的關係只是柏拉圖式的愛情。

但在二戰尾聲柏林戰役期間希特勒與伊娃成婚，隨後兩人共赴黃泉。伊娃一生曾嘗試三次自殺，前兩次沒有成功，1945年4月28日蘇聯紅軍攻入柏林市區，4月29日希特勒與伊娃舉行婚禮，4月30日下午希特勒用手槍對著自己的太陽穴開槍，伊娃則服氰化鉀，雙雙自盡。

●法國總統馬克洪與他的恩師老婆

2017年5月，年僅39歲的馬克宏就任法國第25任總統，當他穿梭各國際重要場合，除了年紀輕能否任事成為大家關注的焦點，他身邊長他24歲的老婆布麗吉特更是大家喜歡談論的對象。

布麗吉特曾是馬克宏在亞眠中學的語文兼戲劇老師，布麗吉特當時已是三個孩子的母親，她曾在一個紀錄片中這樣評價馬克宏：「他與眾不同，完全不是個少年，跟其他成年人的關係完全是平起平坐。」據她回憶，馬克宏有天來找她，希望老師幫他一起寫戲劇社畢業公演的劇本。「我當時想他堅持不了太久，很快就會覺得乏味，於是我們一起寫，一點一點我完全被這個男孩的聰明折服了。」

馬克宏後來轉到巴黎完成中學學業，臨行前他發誓要娶布麗吉特為妻。「我們經常打電話，一聊就是幾個小時，他就這樣用耐心一點一點讓我放棄了抵抗，簡直不可思議。」布麗吉特與前夫離婚後和馬克宏展開戀情，並於2007年結婚。

傳記作家安弗爾達說，多年以來他們夫婦行事低調不喜歡曝光，但自從馬克宏宣佈競選總統以來情況有所變化，他希望讓大家知道，如果他能在一個鄉下小鎮頂住各種羞辱和嘲笑，征服一個年長他24歲、有三個孩子的有夫之婦，那麼他也能用同樣的方法征服法國。

法國總統的那些情史

對於總統的婚戀關係，法國社會包容性很高，認為總統也有七情六慾，有沒有能力治國跟他們的情慾並無相關，也因此近代幾位法國總統的情史都很精彩。

密特朗（任期：1981～1995）

一位政事和私事都極富爭議的總統，他的風流在法國人盡皆知，他的情婦人數多不勝數，保持關係最長的是為他生下女兒的安妮・潘若，她毫不避諱陪密特朗出席各項活動。據悉，早在密特朗當選總統之前就和安妮半同居，但為了競選他沒有離婚，部分公開活動也還和妻子一起出席，但他大部分時間不是和妻兒住在官邸，而是和安妮母女住在一起。

1996年密特朗去逝，葬禮上安妮母女和密特朗的妻兒都出現了，全國人都從電視上看到了總統的兩個家庭。

席哈克（任期：1995～2007）

貝納黛特和席哈克結縭43年，育有兩個女兒，表面上看來這是一段美滿的婚姻，但貝納黛特曾在受訪時說席哈克「很有女人緣」，也提及她備受丈夫婚外情的困擾。坊間流傳許多關於席哈克的緋聞，他是唯一一個毫不猶豫離開妻子去找情人的總統，也曾被英國媒體嘲笑「幽會包括沖澡只要15分鐘」。

席哈克擔任總理時就勾搭上《費加洛報》的記者夏布里東，之後分別和女演員卡蒂納和記者佛里德利克搞曖昧，也被英國媒體揭發有日本情婦和私生子，20年間總共飛了日本40次。

薩科齊（任期：2007~2012）

薩科齊有三段婚姻。第一任妻子是瑪麗多米尼克，與第二任妻子的相遇則堪稱傳奇，時任市長的薩科齊主持自己好友的婚禮，卻在婚禮現場愛上了當時的新娘塞西莉亞，她後來成為薩科齊的得力助手，甚至幫他競選成功，可惜這段婚姻不多久就結束了，傳聞是塞西莉亞愛上了別人，薩科齊成為首位在任時離婚的法國總統，但離婚僅四個月薩科齊就和第三任妻子卡拉布魯尼結婚了，2011年布魯尼為薩科齊生下女兒。法國社會普遍認為薩科齊和布魯尼在一起是意氣用事，傳聞兩人婚前塞西莉亞給他下了最後一道通牒：只要你回來，我就把一切都取消！

歐蘭德（任期：2012~2017）

歐蘭德和羅雅爾在一起近30年，育有4個孩子，但無婚姻關係，使他成為無第一夫人但獨有「第一女友」的法國總統，2007年兩人分手，歐蘭德開始和瓦萊麗交往，並在2014年分手，分手之後瓦萊麗出了一本書，披露和歐蘭德的感情內幕；當地小報還曾拍下歐蘭德半夜戴著安全帽、騎著摩托車去和女演員加耶幽會。

歐蘭德雖多情，但每段感情都沒能走到最後，使他成為法國第五共和以來唯一一位單身總統，出席各種活動時第一夫人的位置總是空著。

法國民眾只拿政治人物的能力來評斷功過，不會去計較他們的私生活，這個浪漫國度的人民對政治人物公私分明的看法，也許才是值得世人借鏡的理性態度！

●性是不分顏色、不分派別的共同話題

以下揭露根據網路調查，男人們聚在一起最愛聊的話題有哪些？

首先是女人的臉蛋和身材。男人是視覺動物，看到女人最先刺激他們神經的總是臉蛋和身材，不過美女本來就該給人欣賞，不然整天打扮得漂漂亮亮做啥？

其次是工作。事業是衡量男人生存能力的常用標準，職場得意的男人與朋友見面時喜歡問「最近工作怎麼樣？」，會這麼問顯示他們得意，工作的好表現讓他們春風滿面。

第三是追女友的進度（不管已婚或未婚）。多數男人一旦喜歡上一個女人，會找機會向他人表露，一方面尋求意見，另一方面想藉機宣示主權。對此，好朋友們也總會情義相挺，幫忙出謀劃策製造機會，把哥兒們的事當成自己的事，但最後是不是也把未來的大嫂當成自己的女人那就是後話，為了女人，好兄弟翻臉的事也時有所聞。

第四是性愛相關。多數男人和好朋友在一起話題葷腥不忌，但性愛相關總讓他們最帶勁，某段色情影片、某某女優，甚至辦公室裡新來的有著D罩杯的女同事，都可以讓他們不用大腦配啤酒耗一整晚；還有的男人喜歡張揚自己的性能力，甚至自曝房事細節，但這些事聽聽就好，千萬別信以為真，反正沒人看到，愛怎麼吹噓是我的事！

第五是國家大事/時事新聞。男人天生就有一種英雄情懷，國事/時事是百談不厭的話題，且社會每天都發生

著許多事，總有無窮無盡的話題可作為茶餘飯後的談資，男人想表達思想深度，扯一扯時事，尤其是國事、國際局勢，當然是不能少的。

以上五大類「man's talk」有三類與女人有關，可見沒了女人，男人的生活多無趣，且無論是哪個階級、哪個領域？男人想的其實都一樣！男人對情色話題感興趣在於他們可以從中獲得極大的快樂，這主要是因為男人希望體驗各種各樣的性，而體驗的方式未必要親身實踐，哪怕只是說或聽，也會讓他們有一定程度的滿足，也就是說不管通過哪種方式，只要男人的感官捕獲了有關性的資訊，都可以讓他們興奮起來。

傳A片試水溫

如果男人傳A片給妳，表示想找妳上床！妳必須當下做個抉擇，如果這個男人壓根兒不是妳的菜，不妨直接了當告訴他以後不要再傳，如果妳保持緘默，男人會誤解成妳喜歡，會繼續傳來，接下來找妳約會。如果妳還算喜歡這個人，只要默默「已讀」即可。不過我聽過女性友人對男人開玩笑說，「把你自己的照片傳過來吧！」想不到對方竟自拍傳來一張下體的照片，可見男人的潛意識裡真的有暴露狂！

●權貴男人想什麼？

對一些有錢有權的男人來說，擁有老婆以外的情人如同是身份地位的昇華，但這都是不能說的秘密。前幾年有一則報導：在緊鄰香港的深圳街頭一幢30層大廈邊上，每到週末下午就集結十幾輛香港車牌的車，因為這裡住了許多「小三」，被人們稱之為「小三城」，包養「小三」的多數都是權貴。

男人到達一定年紀，特別是家庭事業趨於穩定之後，發現人生沒什麼追求了，於是開始想要找刺激，證明自己還年輕。據非正式統計，半數以上男人都有過外遇，不出軌的也有，無非就兩個原因，一是沒機會，二是沒錢，就像一則笑話說的：99%男人有了錢就會找小三，剩下的1%老婆比他更有錢。

不可否認，這個社會的某個角落存在一種「不找小三就不算成功男人」的扭曲現象，很多男人參加聚會比完事業成就比房車錢財，再來就開始比小三。男人也是有虛榮心的，朋友們都左擁右抱兩個老婆，一個在家，一個在外，一個有名，一個有實，看著看著心裡就癢癢的，也開始找小三、小四、小五，無非是拼搏一下面子。

但想想，許多男人一生叱吒引得無數女人愛慕，這些檯面上、檯面下的女人原本都相安無事，怎奈男人才嚥完最後一口氣風雲馬上變色，原本的親人頓時成寇讎，這都不是小說情節，是真實存在、眾人皆知的富豪遺眷、子女爭產的醜聞。奉勸男人們別管不住自己的下半身，有錢也不能太任性，否則難免步上這樣的後塵，讓一生英名毀於瞬間。

做愛時男人心裡想什麼？

女人普遍認為男人做愛的目的是要獲得高潮，射精在女人的陰道內，事實上這觀念是錯的，只有3%的男人被問「為什麼喜歡性交」時回答「獲得高潮」。

男人的確喜歡做愛，但男人做愛的目的不單純在發洩精力，疏解性慾的緊張，如果男人只想要高潮，自己手淫就可以了，可見高潮不是男人做愛唯一的目的；其次，男人做愛若只想要高潮應該是越快射精越好，可是妳翻遍所有壯陽商品的廣告，幾乎都強調持久不射，太快射精只會讓雙方在性愛時都失望收場。

實際上，男人在性交過程中獲得的滿足有許多是超過高潮的感覺，例如征服感、自信，當然還有浪漫的愛情。

男性嫖妓心理

有些男人與妻子或女友的性愛行為很保守，對於金錢交易的性愛卻很勇於嘗新，因為後者讓他們獲得更大的性滿足。

男人嫖妓往往是因為性需要，與責任感或道德感無關，但很多女人不理解，她們想，「家裡有免費的，幹嘛花錢到外面找。」但他們說，「家裡的老婆天天做，久了沒感覺，碰都不想碰。」男人對「外面的女人」永遠有著濃厚的興趣，千方百計想弄到手，嘗一嘗新鮮的滋味。

嫖妓在男性社交圈並不是什麼見不得人的事，花錢解決一下性需要並不會有罪惡感，男人聚在一起聊天偶爾還會切磋交流一下，甚至還會集體嫖妓。固定的性伴侶，不管是老婆、女友或砲友，可能會在男人求歡時加以拒絕，原因可能是身體勞累、關係冷淡或是沒性致；相對而言，性工作者無論她們的真實感受如何，只要客人付錢就親熱配合。

對此，性研究者岡達・舒曼（Gunda Schumann）博士在一本關於賣淫心理學的書中提到：「妓女向男性提供了情緒上的親密感、心理上的穩定感，及移情作用體驗。」依此看，男性買春除了滿足性需求，也是為了應對心理上安全感的缺乏。

男人嫖妓的理由大概不出好奇、找刺激、滿足性需求、補償不滿足的婚姻性生活，當然，也可能兼而有之。除此之外，由最近發展的一些精神病學研究可以看出，嫖妓雖還不至於被視為精神疾病，但的確是一種行為問題。

高潮對話

男人為什麼可以和陌生女人上床？

女人裸身躺在床上，在男人眼裡如一條美味的清蒸石斑魚，唾手可得的機會男人為什麼不好好享用？男人心中沒有貞節牌坊，至於一夜情或帶出場的酒店女子雙方通常會互報假名，甚至不想知道對方的姓名，問也不問就直接拉下褲子插入性交，且往往很快射精後草草收場！為什麼會如此？因為女方這時是基於交易，所以不會用感情，一來不想讓自己太累，也不會想要享受高潮，一心一意想早早結束把錢賺到手，但也因為這樣，她會使出渾身解數放浪吟叫扭腰擺臀，目的就是要刺激男人大腦皮質的高潮反應中樞，使他很快達到高潮完成交易。

如果男人因為酒後無法勃起或是一時陰莖疲軟，她會溫柔地舌舔陰莖、口含龜頭，或有技巧的舔睪丸、會陰，甚至舔肛門，讓男人因為刺激而勃起，再把自己的陰道塗好潤滑液，順勢起身坐上已經硬挺的陰莖，把它吞入自己的陰道，抽動之際她的口唇也不會閒著，偶爾俯身趴下舌吻男人並舔吻從一些針對性病患者所做的研究顯示，這些人的心理特徵常顯得既神經質又較外向，原因可能是神經質的人對性態度較為負向，例如會有較多敵意、罪惡感與性壓抑，因此不易有滿意的性生活；另一方面，外向性格的人易傾向濫交。於是在這兩種性格特徵交互作用下，使得有這些心理特徵的人傾向有嫖妓行為，當然也就可能因而罹患各類性病。

他的乳頭，妳評論一下，有幾個男人接受這樣的款待不會很快射精，有哪個男人當下不會為之神魂顛倒？

女人們不妨冷靜一下先別生氣，妳想一想，這個女人對妳的老公有感情嗎？應該沒有；其次，那當下是男人在享受還是女人？當然是男人！女人當下費神費力在取悅男人，給自己的樂趣其實不多。

但妳該在意的是衛生，男人最該被提醒的是嫖妓時一定要用保險套。其實，性工作者本身也都喜歡男客用保險套，因為她也害怕被傳染性病。問題是妳如何對老公開口要求他使用保險套？因為這樣好像默許他出軌，這對妳來說多少有點為難吧？所以，最好的策略是不要拒絕男人求歡，如果妳賭氣拒絕老公的性邀約，反而是把老公往外推，不是嗎？

當知道自己的男人嫖妓，有個女人要求老公要戴保險套，另一個女人難過地告訴老公她最擔心的是傳染病，提醒他傳染疾病的風險，並鼓起勇氣謙卑的請求老公指導她如何做愛，且真心努力學習；當然，妳也可以很生氣，大吵大鬧之後以離婚收場。面對問題，不同的選擇會有截然不同的結果。

男子氣概與大男人

●斯巴達人如何培養男子氣概？

斯巴達是古代希臘的一個城邦，斯巴達人注重打仗，為了能有充足的戰士，斯巴達鼓勵公民生育，且為了有更好的戰力，嬰兒生下後要馬上抱到長老那裡接受檢查，如果這個嬰兒不健康，就會被拋到荒山野外的棄嬰場；或是母親會用烈酒給嬰兒洗澡，如果嬰兒因此失去知覺，就證明他的體質不夠好，不可能成為良好的戰士，便任他死去。

男孩7歲前由雙親撫養，父母從小培養他們不愛哭、不挑食、不吵鬧、不怕黑、不怕孤獨的習慣，7歲後男孩被編入團隊過集體生活。他們被要求對首領絕對服從，並練習跑步、擲鐵餅、拳擊、擊劍和鬥毆等，以便能增強勇氣、體力和殘忍性。而為了訓練男孩的服從性和忍耐性，每年節日敬神時他們被要求跪在神殿前，讓皮鞭如雨點般落在他們身上，打到濺血為止且不許求饒。傳說有個少年偷了一隻狐狸藏在胸前，狐狸在衣服內不斷掙扎，但為了不被人發現，所以少年不動聲色，直至被狐狸咬死。

訓練男孩的長者要設法在彼此間製造爭端，面對爭鬥如果表現出怯弱就會被大家輕視，甚至接受嚴苛的懲罰。12歲之後，斯巴達男孩被要求只能單衣，即使冬天也是如此，並被要求在寒冬中露宿，以培養其鋼鐵性格。男孩平時的食物很少，但鼓勵他們到外面偷食物，若偷竊的本領不夠高明被人發現，回來還要挨重打。

斯巴達女孩7歲時仍留在家裡，但她們不是整天織布做家務，而是學習跑步、競走、搏鬥等體能訓練，斯巴達人認為只有身體強健的母親才能生下剛強的戰士。斯巴達女性很勇敢和堅強，她們不怕看到兒子在戰場上負傷或死亡，她們送兒子上戰場時不是祝他平安歸來，而是給他一個盾牌，說：「拿著，不然就躺在上面！」意思是，如果不是拿著盾牌勝利歸來，就是光榮戰死被別人用盾牌抬回來。

還好斯巴達城邦已經不存在，要不現代男人大概無一人能承受這種訓練，只是英雄雖已遠，大男人猶存在。

●男人對男子氣概的定義

大部分男人都喜歡被稱讚有男子氣概，若說他是娘娘腔將是奇恥大辱。有些男人得天獨厚，擁有一張英雄氣概的臉，如藝人金城武，憑一張臉得到不少女人的愛慕，林志玲的老公「放浪兄弟」成員之一的AKIRA外表也是一付酷酷的帥勁，女人大都也認為他有男子氣概。但酷帥絕不是男子氣概的主要特質，男子氣概應該是從言語、口氣、態度、表情及行為當中傳達出來的，應該是給人安全感、愉悅感，並且願意親近，甚至是依賴。當然，帥男人更能獲得女人的青睞，這也是人之常情，但堅毅的性格不同於固執，如果對大家都不認同的事一意堅持會令人討厭，應該是對的事當大家畏縮不前時他願意承擔，才是有男子氣概！

此外，在性生活方面，許多男人自以為做愛時陰莖可以很硬且堅持很久，對女性大展雄風即是有男子氣概。的確，有不少女人醉心於男人超強性能力所提供的極致享樂，並為之耽溺，此後任由男人予取予求，即使承受欺凌也離不開他，但我認為不管床上的表現多勇猛，會欺負女人的男人就不夠資格稱作有男子氣概，我想大多數女人認同這個想法吧！

性能力與男子氣概的關係，除了在性愛過程必須心思細膩動作溫柔，可以忍住自己的快感，還要有抑制通往高潮衝動的意志力，因為願意抑制自己的快感才能堅持久一點，讓女人多一點享受，這樣把女人的性滿足放在自己的性愛目的之上，視對方的高潮為自己性愛的成就，這樣懂得疼惜女人的男人才是有氣概，大家應該同意吧！

從《海蒂性學報告》中我收集了一些男人對「男子氣概」的定義，讓妳更貼切窺見男人的心思：

1.我要靠自己的努力致富，不仰仗老婆娘家的財富成功。

2.男人必須沉穩、可靠、堅毅、果斷、有領導能力。

3.男人應該要妥善維護家庭，做個強壯的父親。

4.男人應該知道如何處理和女人的關係，知道如何與女人週旋，同時讓她快樂。

5.男人應該掌控男女關係，尤其是婚姻生活，讓她成為快樂、驕傲的女人。

6.我以女人的高潮來定義男子氣概，我不是唐璜式的逞威，請不要誤解，而是看伴侶的滿意程度，她滿意了，你就是她心目中最有英雄氣概的男人。

●大男人主義是種病

大男人主義（Male chauvinism）又稱男性沙文主義，是一種認為男尊女卑、男性優於女性，因此男性更應該統治女性的意識形態。但1960年代女性解放運動興起，男性沙文主義者被鄙稱為「沙文主義豬」，簡稱「沙豬」，用來斥責該主義的支持者。

大男人主義是種心理病而不是生理病，好在在女權意識高漲的今日，這類「病人」或是轉清醒，或是被迫壓抑，總之人數是減少了。對於「沙豬」，以前的女性沒有置喙的餘地，但現代女性若權利稍有被侵犯，多數能勇敢地發聲，不讓男人予取予求；以性騷擾這件事為例，以前女性在職場或在公眾場所被侵犯，不管是肢體或言語，多數是自己苦吞，總認為這是齷齪、不光彩的事，實在不足為外人道，但現代女性不管年齡大小，碰到偷拍、登徒子的騷擾，哪怕身處公共場合也敢大聲喊「色狼」，不惜讓自己在眾人面前暴露，也要將嫌犯繩之以法，席捲全球的「Me Too」運動精神即是如此。

現今社會有這麼多性格強悍的女性，我想大男人主義者最好還是乖乖退居二線，即使心裡不服，表面功夫還是要應付一下，不然在「新好男人」、「暖男」行情日益看俏之時，若還堅持當「沙豬」，恐怕在當今的擇偶市場要淪為滯銷品，大家同意嗎？女權萬歲！

●與「大男人」談戀愛的好與壞

大男人主義者的性格強勢，控制慾和佔有慾都很強，常給人霸道甚至暴力的印象，很多人都不敢想像女生怎麼能忍受大男人，但你問問他們身邊的女性，她們許多都甘之如飴且打死不退，為什麼呢？其實「大男人」也不盡然都是缺點，以下看看「大男人」的好與壞。

1.控制慾強：什麼事都要管，特別是他覺得不可行的事一般不會同意讓妳去做，例如不許女性夜間單獨外出、穿著太暴露。

2.佔有慾強：他們有時會允許自己花心，卻絕不容許女性招蜂引蝶，他們的男性尊嚴絕不能被踐踏，所以女生跟大男人在一起千萬不能和其他男生往來過密，否則枕邊人可能轉身就成恐怖情人。

3.性格強勢且自尊心強：他們做的決定絕不允許被質疑，妳偶爾提出一些意見，通常會被他自認的大道理打退，換言之，他做的決定只有他自己能改變。

4.做事果斷行動力強：當遇到麻煩事他們多能有自己的觀點，解決問題也有自己獨特的想法和方式，這個特質在小女人眼裡是很值錢的。

5.受不了柔情攻勢：女生的眼淚是他們的罩門，跟他們吵架時不能硬碰硬，用柔弱和眼淚來對付他們效果很好，因為保護女生對他們來說是天經地義的事。

6.給人安全感：即使打腫臉也要提供女生安全感，這能滿足他們的存在感，「小鳥依人」正是這種情境的表現。

●跟大男人相處多用「軟實力」

不管是大女人、小女人，其實都會有心累的時候，若身邊有個能依靠的人，其實是很幸福的，女人善用「軟實力」，男人也能溫柔的像隻貓。

1.多撒嬌：都說「會撒嬌的女人最幸福」，尤其遇到大男人。女人向男人撒嬌，再堅硬的心也會融化，女人想駕馭男人，這招一定要學，管用。

2.多讚美：給大男人讚賞能強化他們的存在感，不過也不能毫無底線，凡事讚美的話邊際效益會打折，需要他們幫忙時再出招，多數都能達到目的。

3.主動關心：大男人多不願打開心門和人溝通，所以要多主動關心，讓他們感受到溫暖，不然若他們承受不住內心的苦楚，女人的靠山也就跟著倒了。

4.讓他有被需要的感覺：當妳受到委屈時嬌嗔地向他傾訴，就會激起他們強烈的保護欲，被女人需要讓他很自豪。

5.多一點甜言蜜語：當要提出不同意見或指正他的缺點，用軟話說他較能聽進去，當然，平時的甜言蜜語也很需要。

和大男人相處要懂得他們的性格，多用「軟實力」，不要硬碰硬，這不是向他示弱，而是為了使兩人能更好的相處，這樣做妳會發現他們的優點其實還不少呢！

高潮對話

女人遇到大男人老公怎麼辦？

首先要看兩人是怎樣的組合。

若是大男人配小女人，結果可能：一是女人忍受男人的欺凌，他說一是一、說二是二，「我晚上不回家，你囉嗦什麼！」、「我花我賺的錢，你擺什麼臉色！」，這時女人最好閉嘴，免得自討沒趣；二是小女人崇拜大男人的英雄氣概，這兩人是對了味，男人盡情使壞，女人就愛這種調調，更愛在親朋好友面前稱讚老公與人爭執絕不吃虧，這種組合若不侵犯他人，也堪稱絕配。

若是大男人配大女人，也可能有兩種結果：一是對撞，兩人互不相讓，各自維護立場，但這常常使身邊的人也跟著遭殃，所以沒事最好離他們遠一點，火藥庫隨時可能爆炸；二是恐怖平衡，各自雖有不同理念，但為著共同的目標，或是事業、或是家庭，在可接受的範圍內各自退一點，兩人的未來不一定能攜手，但仍可往前走。

性愛能力的「用進廢退論」

男人會因為經常做愛使性能力愈來愈強，女人也會因為經常做愛而愈來愈青春。

男人性能力最強的年齡是18歲，這時期的男人常一看到女人露胸、美腿的照片，或是獨處時手一碰觸陰莖就會自動變硬勃起，幾乎可說是飢不擇食，不管是對年紀相仿或是年長一輩的女性都很容易產生淫念，所謂「戀母情節」就是如此。

這時性慾望的成份遠遠強過情感，甚至會飛越倫理的界線，所以只要有機會，女大男小的戀情很可能會發生，如師生戀、繼母繼子亂倫戀，甚至姊弟戀等。等到逐漸年長，有機會接觸或有機會親炙其他女性的肉體，「小男人」便會移情別戀，這類戀情幾乎很難白頭偕老，即使年長的女人再有錢、再體貼，也無法挽回互為過客的事實。

女人雖會感覺失落，但多能體認現實，會很快復原，而因為難忘小鮮肉甜美的經驗，會再尋覓下一個年輕男友，下一回，她會更懂得掌握年輕男人的心，所以很容易能再度擄獲他們的感情！據我的瞭解，熟女這種慾望是很難停止下來的，必然會一個接一個找下去。

而這類熟女也會因為長期處在戀愛情境，大腦皮質會產生令自己愉快的腦啡，而時時展現美好笑容，做愛過程中也會分泌大量的荷爾蒙及費洛蒙來吸引男性，也能滋養身體、活化生理機能，皮膚的膠原蛋白也因為荷爾蒙作用再度被活化、增生，而變得光潤豐滿。根據研究，40歲以上女性持續保持做愛習慣會使更年期延後，荷爾蒙可持續分泌不衰退，做愛興奮時淫水來得很快、分泌很多，且常做愛也比較容易達到高潮，這即是人體生理及器官「用進廢退」的現象。

像武則天即使到了70歲，仍然「齒髮不衰，豐肌艷態，宛若少女，頤養之餘，慾心轉熾」，這是說高齡的武則天依然牙口很好、頭髮茂密，肌膚吹彈可破、姿態妖嬈像少女一般，在安養天年之時色慾之心竟益發旺盛。

現代被人稱作美魔女者幾乎多數是單身，但她們背後必定都有一個或多個交往的男人，說得更貼切些，應該和男人一直保持親密的肉體關係；男人也一樣，若一直保持活躍的性生活，即使到了90歲，例如楊森將軍，仍然可以娶17歲的女人為妻，並能有性生活。

說到楊森將軍，他一生有元配妻1人，續弦妻1人，妾11人，兒子21個，女兒22個。他的十二姨太張靈鳳，台灣新竹人，17歲時嫁給90歲的楊森，令人驚羨的是她還生了一個女兒。

楊森活了93歲，你可以合理推測，即使90過後他還是持續有性生活，成為當時代男人欽羨且津津樂道的對象，雖然他的政治事業及對妻妾的管理方式我們不予肯定，但他擁有超強性能力卻是不爭的事實。

武則天和楊森儘管在政治上各自叱咤風雲，但我不認為他們的性能力是天賦異稟，其實他們性生理的能耐和一般人原來是一樣的，沒有特別之處，倒是腦子裡對追求性慾比一般人有更強烈的動機，他們敢於不斷追求，而一般人也許有比他們更強烈的慾念，卻缺乏實踐的決心和勇氣，他們在男性主導的社會氛圍下對女人的性行為設立各種規範，包括從思想上限縮女人的想像力，用道德的理由來壓制女人的行為，其實這並不能停止女人的原始慾望，但是當女人在社經地位上有了成就，就讓她有足夠的勇氣衝破這個藩籬，武則天就是一個例子。

至於男人，要滿足情慾的壓力比女人輕多了，但看許多鉅商及稍有地位的政客，甚至公司主管之流，他們身邊多不乏女性伴侶，這是因為成就讓他們有信心，加上財勢助長膽量，權力更是迷惑女性的春藥！

女人何嘗不是如此，有成就的企業家如果單身，很少身邊沒有男人，且往往比她年輕，如果這男人不是年富力強的性伴侶，女人要他何用？這個現象也反映出女人會因為她的成就或財富增加信心，使她更勇於追求性慾望！

其實不管男女，在任何年齡，只要不觸及法律與倫理的禁忌，都可以勇敢追求性的享受，要或不要只是一念之間，不必等到有財富、有權勢才能實現。我知道有不少熟女求助醫美診所做陰道整型，且每天補充荷爾蒙，目的即是在追求更好的性愛體驗，隨著時代演進，物換星移，女人開放的心態已今非昔比，這未嘗不是可喜的進步，不是嗎？

小檔案

楊森，1884年生，42歲加入國民革命軍，52歲升為陸軍中將，1945年1月被任命為貴州省政府主席，1947年被國民政府同時派定為國大代表及立法委員，1949年12月來台，此後歷任總統府國策顧問、全國體協理事長、中華奧會主席，1977年病逝台北，享壽94歲。

楊森是四川軍閥中活動空間最廣、經歷最複雜的一個，同時以妻妾成群、兒女眾多聞名，他公開的妻妾有12位，被稱為「十二釵」，子女共43人。

1972年楊森壽宴上，國民黨元老張群前去拜訪，楊森嘆道：「我這個人就是喜歡和年輕人在一起，這樣才有朝氣。」張群知他心思，便笑說：「那你再討（娶）一個嗎！」就這樣，17歲的張靈鳳被楊森以招募「秘書」為名娶進府中，成了楊府第「十二釵」，不到一年，張靈鳳為楊森生下一女，一時傳為海內外奇談。

CH 6 男人最愛做的事

性生活不美滿 使男人很煎熬

以下是我好友的真情告白：我太太是大家眼中溫柔體貼的賢淑妻子，把家事料理得很好，對孩子的教養也很用心，可是她認為性生活是害羞見不得人的事，做愛很被動，總要關燈，上床後躺得直挺挺的動也不動，偶爾皺皺眉，我屢次要她活潑一些她都不為所動，觀念相當保守，認為女人不該淫蕩，我特地買A片給她看，她不肯看，這讓我很苦悶，所以又和婚前交往的女友幽會了，和前女友做愛非常痛快，雖然每次事後回家見到太太會心虛，但我無法克制性慾，仍舊會繼續外遇，因為家庭也還是要繼續。

賢淑的妻子們，好的德性能獲得丈夫的尊敬，但愛情需要能量不斷燃燒，只有激烈的性愛才能燃燒夫妻的愛火，產生充沛的能量！女人重視愛情，男人重視性愛；想要拴住男人的心，女人必須長久保持性魅力。妳可以經常通過性感的肢體語言告訴他妳愛他，男人多半存有性幻想，妳任何帶有性暗示的肢體動作或語言對他都有馴服的作用。

男人在做愛方式上總想推陳出新，妳要和他一起探討並付諸行動，這使你們在一起雖然很久卻始終能保持新奇與刺激，要記住，男人總有「嘗鮮」的慾望。另外，妻子也要多讚美先生在性方面的「才能」，比如稱讚他威猛、持久等，大部分男人都覺得保持強有力的形象很重要，如果女人認為男人在性方面很能幹，他就會對自己充滿信心，對性愛更有慾望，這樣妳就可以從他那裡獲得更好的性愛體驗。

記得，把他當男人妳就會是幸福女人，如果妳總是把他當孩子，他就會把妳當作媽！

●用性愛頻率來觀察伴侶的親密關係！

男人通常會拿和女人性愛的契合度來界定他和這個女人的親密關係，也就是說，你可以拿男人和某個女人做愛的頻率來推斷這個女人被寵愛的程度，如果一個男人同時擁有五個女人，一段時間後你看這個男人和哪個女伴夜宿的次數最多，就可以分出她們被寵愛的程度了，但往往在你的預料之外，未必是最年輕的那個會最得寵！如同舊時皇帝以翻牌來選出晚上侍寢的妃子，但他不會天天換新，最常侍寢的通常是經過比較之後床上功夫讓皇上較中意的。

女人和男人上過床之後便會成為他的心腹，男人會把比較重要的事交給她，她便成為他公私都長相左右的人了。你可以看看國內許多上市公司的秘書、助理、會計，便知道為什麼！

另外，妳也可以用做愛頻率來衡量和男人的感情熱度！不論是男友或丈夫，熱戀或蜜月期必定是性交次數頻繁，如膠似漆，不乏一夜七次郎；而如果男人另結新歡，性交頻率一定隨之減少，情感也跟著轉淡。

要拯救感情必須從根本救起，也就是從拯救性愛關係做起。

聰明的女人不會斷然拒絕男人的求愛！

如果老公或男友突然向妳求愛，尤其陰莖已然勃起時，能夠立即配合是身為女人的最高智慧！

當然妳可以說「我有權利拒絕」，沒錯，但是和男人相處，除了自主性，女人更需要智慧！如果妳要和男人維持有熱度且長久的親密關係，千萬不能拒絕男人的性邀約；如果妳不希望老公和別的女人做愛，當然要包攬他所有的性交機會，滿足他的所有慾求，這沒什麼好計較的，**如果妳讓男人想做愛時首先想到的是妳，那麼任何時候、任何地點妳最好都欣然接受他的性邀約，並轉被動為主動；如果妳拒絕他，再充份的理由都會使男人感到挫折，甚至惱羞成怒。在性愛方面，男人往往是極度非理性，不講道理的。**

但如果男人想做愛而妳當時卻沒有興致怎麼辦？我建議妳立刻轉念，想著：「我真的那麼有魅力啊！」妳要知道，只有在妳還有魅力時男人才會對妳有慾望，急於進入妳的身體，妳當然應該高興；再者，如果一時之間妳沒有做愛的準備，可以立即用手溫柔的托起他的陰莖，好好的端詳、觸摸，然後把男人的龜頭輕輕含入口中，用舌頭及雙唇吞食、來回舔舐陰莖，他必然會感受到妳的善意回應，當這個過程讓妳烘焙出慾望時，妳就可以把男人的陰莖放入私密處，好好翻雲覆雨愛一場了！

●為什麼她長相平凡，身邊卻總是高富帥？關鍵在這裡！

印象中應該是俊男配美女，不是嗎？為什麼相貌出色的男人會和長相一般的女人在一起？或者說，高富帥身旁的女人竟長得那麼平凡？

帥男人在職場很少有同事會向他奉承，因為男人在職場與人較勁靠的是能力，所以時常可在職場看到相貌俊秀的男人職位並不高，如果男人才能平庸，不會因為顏值高而受重用，除非是在影劇圈或特別需要顏值的工作領域！這點若發生在女人身上情況則大不相同，女人只要顏值高、身材好，通常會受到老闆的破格拔擢，儘管能力可能稍遜一些，但仍會被安排在儘可能讓老闆輕易就能看見的位置。儘管如此並不公平，同事私底下也會議論，但並不會太計較，好像默認好看的女人在職場受到特別待遇是理所當然，或至少是可被接受。

男人帥不帥自身並沒有充分的自覺，他對女人顏值的追求和一般人一樣，面對美女同樣有高不可攀的卑微感，同樣沒自信、沒把握，但是圍繞他、想要親近他、向他獻殷勤的女人總是比圍繞長相一般的男人多，在這些女人中尤以顏值一般者居多數，因為她們對於追求帥男人的表現會更積極、更熱切，比男人追求美女時更大膽。君不見成群女粉絲當見到偶像男星時瘋狂尖叫的畫面，這種熱情在男人身上是很難看到的。

長相平凡的女人特別喜歡追求帥男人，這是基於一種補償心理，因為她可以向人炫耀，尤其是比她漂亮的女人，彷彿說，「妳瞧，我長得雖沒妳們好看，但我的男人比妳們的男人帥！」相偕出門逛街、和姊妹淘聚會、和閨蜜攀比時，帥男人都可以帶出來炫耀，心裡充滿虛榮與勝利感。

反過來說，漂亮女人從小受寵，從來不缺

旁人的羨慕和奉承，她不需要找個帥男人來肯定自己的存在，也不缺這份虛榮，所以在和男人交往時反而更重視其他特質，譬如耐心體貼、個性溫和，最好帶些幽默感，兩人相處時只要舒服快樂且有安全感，並不會特別重視男人的外貌；與此相較，相貌平平的女人因為對帥男人特別傾心，所以會主動追求、體貼照顧無微不至，讓男人格外感受到她的好，這種母性特質對帥男

男人身上最軟的一塊肉在哪裡？

男人在必要時最希望它堅硬，但平時是身上最軟的一塊肉就是陰莖。陰莖在關鍵時刻軟弱會讓男人心急如焚，女人也會恨鐵不成鋼，但只要雄風再起，男人就會旗幟飛揚，眉飛色舞，女人也會頓時眉開眼笑，即可展開一場激烈的肉搏戰。

許多人不明白，男人陰莖的強弱軟硬事實上不是由器官本身強健與否來決定，而是由大腦皮質來決定。大腦產生慾望後把強烈的訊息傳達給陰莖，陰莖的海綿體組織及大血管立即啟動勃起的功能呈現挺直狀。

我們不乏聽聞有人把陰莖用繩索吊掛幾十公斤重的鐵塊說是要鍛練，其實這對勃起的能力完全沒幫助，還有說這樣可拉長陰莖更是無稽之談，這些不當做法都極有可能對陰莖造成傷害。

男人對陰莖的自信心很脆弱，女人不經意的一句話、皺個眉頭，都會嚴重傷害到男人的自信心而妨害陰莖勃起，因為陰莖勃起緣自大腦皮質，當男

人是很管用的。

還有一點也很重要，男女在一起除去照料日常生活所需之外，愉悅的性生活也是擄獲男人歡心最要緊的因素，**女人在床上敢主動、放得開，善於營造浪漫氣氛，男人便會對她死心塌地；如果妳長相平凡，需要用心抓住男人，便要在性愛技巧上下功夫，這對女人來說是不難做到的。**

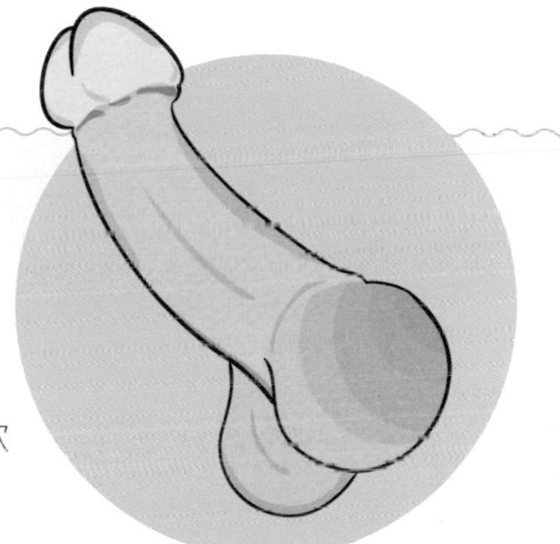

人的信心受挫就會造成無法勃起，妳輕易地皺個眉，男人原本挺拔的陰莖很可能立即軟弱下垂。

男人內心最深層的自卑感常來自陰莖無法隨意勃起，這種痛非社會地位、金錢或是事業成就可彌補。如果男人在性事上無法滿足女人，內心會有愧，他們都想在做愛時讓女人快樂，甚至期待對方達到高潮勝過自己高潮，而這非得要陰莖能堅挺持久不可。

男人也期待女人在他表現好時給予讚美，偶爾表現不如人意時仍要給予肯定，妳要說：「我已經很滿意了！」反之，即使是「沒關係，下次再表現好一點」，或是「你是不是太累了？」這些類似安慰卻隱含貶抑的話最好都不要說，只要默默依偎著他，把臉貼在他的胸膛親吻他就好。

男人性愛表現不會每次都維持在高水準，時常會有不如預期的情況出現，也許女人並不很在意，但男人自己卻很在意，也因為在意，所以很容易在無意中受到傷害。女人這時如果能給予理解與體貼，男人必定感念在心。

性交的快感來自何處？

男人性交時最大的快樂，就是將堅挺的陰莖推進美麗而緊緻的陰道內及體會隨之而來的高潮，這種性愛歡愉是其他性愉悅比不上的。

性交的享受主要在肉體層次，有些男人說，即使沒有高潮也相當喜愛陰道刺激帶來的美妙快感！絕大多數男性都非常喜歡這種感覺，會帶著強烈的情感來描述這當下，如陰莖感覺溫暖、濕潤、柔軟、富彈性，親密擁抱的感覺像溫暖的奶油、像天鵝絨手套，令人沈醉其中。除了陰莖的美妙快感外，肉體的全面接觸也是男人喜歡性交的重要生理因素之一。

「性交非常美妙，兩人都全身赤裸，互相撫摸，試探私密處，接吻，吸吮，舔舐全身，互相戲弄私處，當然我會喜歡性交！」男人說。

「感覺她溫熱的身體緊貼著我，柔軟的腹部頂著我，這種快感難以形容。」每一想起，都讓男人心潮澎湃不已！

「我們的胸部和乳頭緊貼著，感覺非常親密，使我對她的感情更深一層了！」

「當我的陰莖插入她的陰道時，我注視著她臉上露出快樂而淫蕩的表情，插入時她自然發出的呻吟聲，我的心神同時蕩漾，滿足！」

男人其實沒那麼自私，只想要滿足自己，大多數男人都很在乎女人的感覺，他會自問陰莖夠不夠硬、夠不夠粗、夠不夠長？女人舒服嗎？滿不滿意？我們不得不承認，這是男人在性愛當下真誠的心聲！印度聖哲奧修說，男人與女人在交媾當下純真潔淨的意念可比達到成佛的境地！

男人做愛時最主要的享受並非射精，而是享受射精之前勃起的過程。雖然傳宗接代要依賴射精，這是上帝賦予男人延續人種的任務，所以給予快樂作為誘惑，其他動物皆遵照上帝的旨意，僅在求偶期間為繁殖後代而做愛，唯有人類跨越了這道界線，可以為享樂而做愛。女人每個月只有一天排卵，其他的日子天天可做愛，男人不會排卵，沒有排卵期，幾乎每天都可以做愛。

既然做愛的目的不必是為了傳宗接代，所以男人做愛的享受是在勃起插入抽送，這過程的時間自然是越長越好，因此男人自古不斷追尋並使用延長勃起的藥物，千方百計想讓自己不要射精，一旦射精表示快樂就要結束了，這個事實女人都需要知道。

性愛讓男人感覺被愛及被接納

當陰莖被陰道緊抱，男人會有被愛及被接納的感覺。性交高潮當下，男人深深感覺「這個女人全心全意愛我」、「我在這個世界不再寂寞」。

二次大戰時的德國納粹領袖希特勒與伊娃・布朗是長期的性伴侶，這個與全世界為敵的獨裁者，多少個孤獨寂寞的夜晚，陪伴在身旁的是他唯一信任且可與之緊緊相擁的伊娃，這讓希特勒在人生最後的40小時決定與她結婚。

「當她獻出陰道，就代表我的伴侶渴望愛我、滿足我，並成為我的一部分，渴望主宰我或是讓我主宰她。」無怪乎許多大企業家會把公司重要的財務大權交給和他上過床的女性，因為他相信這個女人能和他推心置腹，是可以信賴的。

讓男人銷魂飛天的「口愛」技巧

男人喜歡口交嗎？答案是肯定的，我可以大膽的說，99%的男人都喜歡口交！口交可以是性愛的主菜，也可以是前菜，特別是當女伴不方便做愛，如生理期或孕期，這也是解決性需求的好方法。好女孩要記得，好的口交技巧能讓妳的男伴爽翻天，對妳愛愛愛不完！

●男人的身體哪裡最「性」感？

男人的性感帶集中在陰莖和週圍組織，包括陰囊、會陰及肛門，龜頭則是最敏感但也最難伺候的地方。龜頭缺乏角質層，所以既敏感又脆弱，口交時女人通常是把龜頭含入口中，然後使勁吸吮，或是以舌頭用力舔，以為這樣會讓男人興奮，其實這是錯誤的。要讓龜頭感覺愉悅，舌頭的動作越慢越好，舌面和龜頭的接觸必須輕緩，採若即若離的碰觸，如果用手掌則必須先在龜頭塗抹厚厚的潤滑液，如果用手部粗糙的皮膚直接去觸碰，龜頭只會感覺疼痛，不會有快感。

口交的步驟包括：

輕舔冠狀溝及包皮繫帶；舌舔陰莖主幹，同時用手掌環握陰莖主幹，前後快速揉搓，這是玩男人陰莖的主打動作，男人自己手淫即是如此；接下來重覆快速揉搓，就能把感覺推向高潮，怎麼做呢？首先是用包皮覆住龜頭，前後快速推動；再以手掌握住陰莖主幹，快速上下推動包皮。

以上方法幾乎百分之百可讓男人達到高潮，如果妳喜歡觀看男人聲嘶力竭，欣賞男人噴精那一瞬間的表情，或是喜歡吞下男人生產的最純粹、最新鮮、最營養的蛋白質，甚至喜歡把它塗在臉上幫助養顏美容，可採用這兩種方法，保證屢試不爽。

●用舌吻、舔、吸、含陰莖的技巧

陰囊表皮任憑妳怎麼愛撫、吻、舔、吸、含，男人都會很舒服，所以當妳品嚐陰莖美味之際千萬別忘了食用陰囊，把它當成牛肚小菜，別有一番滋味。

肛門週圍的環形括約肌也是男人的性敏感部位，特別喜歡被舌舔，舔多久都不會感覺厭膩，陰莖還會勃起，此時不妨同時舌舔會陰及兩側鼠蹊部，這樣會讓男人更舒服。

舌舔陰莖的方法：

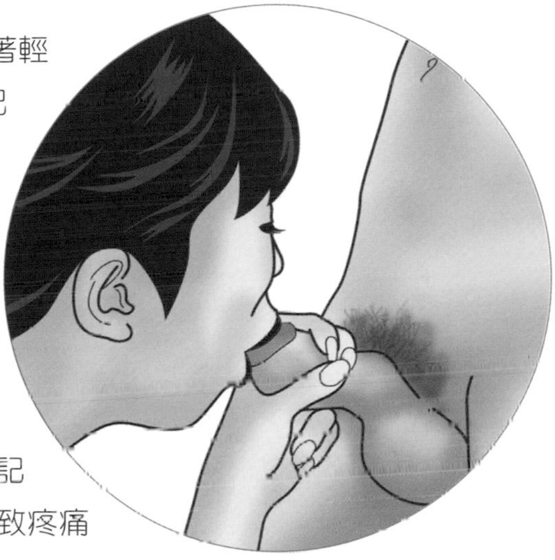

1.把龜頭含進口中，用舌頭繞著輕舔。可先含一口溫茶或咖啡，但記得不要含冰塊或冷水，這樣容易導致陰莖頓時頹軟下來。

2.女人可以把口當作陰道使用，雙唇含住陰莖，把陰莖緩緩吞入口中，如果喉嚨夠深可以全根沒入，直到陰莖的根部再緩緩吐出，這種快感可勝過陰道性交；但記得千萬不可讓牙齒碰到陰莖，會導致疼痛而影響快感。

3.把陰莖橫擺，如一支熱狗棒，可塗上蜂蜜、巧克力醬或煉乳，然後從根部溫柔的往龜頭不斷來回輕舔，快感會直透心脾，令男人銘感五內，但記得不要用牙齒咬或碰觸，男人不會喜歡這樣。

還要特別注意：愛撫肌膚時務必輕觸表皮，若即若離，不能使力或用掌面完全貼在皮膚上，這樣會喪失快感，用手指、手掌、舌頭時皆是如此。男人愛撫女人的身體，包括乳頭、陰蒂、陰唇及陰道口也是如此！

●男人最喜歡被舔卻常被忽略的部位：會陰、腹股溝、肛門（屁眼）

會陰指肛門和陰囊底部之間，好好愛撫這裡，再加上腹股溝，肯定會讓男人爽得魂飛九霄雲外。

不論男人或女人的肛門（屁眼），表皮都佈滿末稍神經叢，是非常敏感的地帶，如果用一點潤滑液塗抹在括約肌，再用手指輕輕揉擦，會給人非常愉悅的感覺！

女人必學口交技巧：

1.舌舔：利用舌頭在陰莖外圍打圈，也可用手撫摸，都能產生陣陣興奮感。

2.緩緩旋轉：將陰莖含入口中，藉著舌頭的翻攪讓陰莖在口中左右轉動。

3.吸吮：將陰莖深深含進口中，然後用舌頭舔陰莖的下側，同時用手握住陰莖的根部，這樣可避免因進入太深而產生嘔吐感。

4.愛撫睪丸：用手輕撫，再依男人的反應來調整力度及頻率，並配合簡單的口交。

5.親吻、輕咬陰莖：用濕潤的嘴唇親吻龜頭，再用牙輕咬陰莖，注意不要太用力。

6.全面進攻：用舌頭舔陰莖根部、陰囊、睪丸、會陰，這些都是男人的敏感帶。

7.九淺一深：先含龜頭冠九下，再一口將陰莖含到根部，可隨時變動次數。

8.側舔：女生側躺，讓陰莖碰到臉，舔陰莖的同時眼睛看著男生，這樣會激起他更強烈的慾火。

9.冰火五重天：口中先含溫水吞陰莖，再換冰水，藉由溫度變化刺激陰莖海綿體感官。

提醒妳：口交前記得請對方將陰莖洗乾淨，否則可能導致扁桃腺發炎；另外，口交前兩小時女生不要刷牙、避免使用含酒精的漱口水，這些用品會破壞口腔黏膜，增加感染性病的風險，過程當中也要避免吞口水，這樣才能享受一場愉悅又安全的性愛。

男人喜歡女人吞食他的精液嗎？

是的，女人主動吞食精液絕大多數男人不但不會阻止，內心還會感到欣喜！男人心裡會想，這個女人肯定是愛他的。

但事實上大多數男人不會強迫女人吞精，因為他們知道精液像蛋白一樣淡而無味，勉強食之甚至會感到噁心，但如果女人心念一轉，精液可立即成為甘露美味，幫助愛情昇華！

精液的成分是什麼？真的可以養顏美容嗎？

精液主要成分是水，內含少量蛋白質、脂肪和糖類，化學成分有DNA、蛋白質、維生素、鈉及鋅，射進並存留在陰道裡的精液可被人體吸收，但大部分還是被排出體外了，只有少部分會留在陰道，因為量少所以起不了作用，吞食進胃的精液頂多3～5cc，比吞一個生雞蛋的營養成分還少。

如果塗在臉上，由於濕度不足，皮膚的吸收效果不會好，加上不能每天定量供應，所以不能把它和作為保養品的膠原蛋白相提並論。所以結論是女人最好把精液當成和男人做愛的戰利品或愛情的精華液，雖食之無味，但存在心中卻甘之如飴。

男人看女人喜歡看哪裡？

男人是視覺動物，光看美女照片就能讓他浮想聯翩，究竟女人身體的哪個部位最能吸引男人的目光，分析如下：

1.胸部：男人對胸部的痴迷絕對超出人們的想像，對男人而言，乳房豐滿不僅說明這個女人身材性感，也意味著她有更強哺育後代的能力，但其實這是錯誤的觀念，胸部豐滿與泌乳量沒有絕對關係。

2.唇：嘴唇可說是人類接收性愛訊號的第一站，且這是有科學根據的。人類嘴唇上的皮膚黏膜有個專有名稱叫「mucosa」，而私密部位也有這種黏膜構造；另外，嘴唇跟乳頭一樣，擁有密度極高的末梢神經，對外界的刺激具有高敏感度。

3.大腿：美腿給男人的誘惑力不亞於胸部，其中的原因不正是因為腿的根部連著陰部，讓男人忍不住有性的聯想。

4.腰／背：男人看到女人的美背、腰線就會情不自禁陷入遐想，所以夏天一到，美眉們喜歡換上露背裝，除了消暑，當然就是要吸引男人的目光！

5.臀部：這是女人身上最具動物性的部位，自古以來，飽滿的臀部被視為女性生殖力旺盛的標誌。

6.眼睛：不管是勾人心神的媚眼，還是水汪汪無辜的大眼睛，都讓男人情不自禁心蕩神馳，所以大家慣稱「眼睛會說話」，其實是會傳情的意思。

7.陰毛和陰部：幾乎所有男人看女人的裸照，眼睛都會不約而同搜索長有陰毛的陰部，因為其他部位在各報章雜誌上早已司空見慣，但長著黝黑濃密陰毛的陰部特別醒目吸睛，大多數男人見之多會勃起。

以上是統計學的說法，男人愛看女人哪裡只能說各有所好，除了上述那些較多男人青睞的部位，包括耳垂、手指、腳踝、脖子、小腿等也都能對某些男人散發致命的吸引力，令他垂涎不已。

男人最想親女人身體的哪個地方？

根據非正式統計，男人最想親吻女人身體的部位依序為：唇/舌、乳房、陰部、小腿、脖子、額頭，這些部位每個都有其心理上的意義，解析如下。

1.唇／舌：舌頭和心的距離比陰道更接近，女人通常不會和一個她不喜歡的男人接吻，也不會冒然和陌生人舌吻。風月場所的女人可以和客人進行陰道交媾，卻多不願意和客人接吻。女人接受男人的吻，象徵心理上已經接納了對方，所以男人如果喜歡這個女人，首先會想要她的吻。

2.乳房：從出生起，吸吮女人乳頭就是男人滿足口慾最原始的慾望，這個癮至青春期由食慾轉成性慾，成年男性吸吮乳頭在滿足口慾的同時也滿足了性慾。

3.陰部：這裡如同一片在濃密烏黑陰毛覆蓋下的秘密花園，對男人來說那是「最令人嚮往有著牛奶與蜜的聖地」，我要說一說男人內心深處的秘密：當男人開始百般奉承、歷經煎熬去追求一個女人，最終目的就是親近並享受這塊上帝應許的神秘之地！當得到女人的應許，男人會迫不急待兩膝跪下，俯首品嚐這想望已久的美味聖品。

我要告訴女人，當男人跪舔妳的陰部時，或許妳的內心一開始會感到羞澀，但妳一定要表現大方一點，不可以把腿夾緊，這會讓男人很著急，他會不知所措，讓氣氛變得很尷尬；男人拜倒在妳的石榴裙下是身為女人的幸福，也是妳的榮耀，妳要大方把雙腿向外儘可能展開，讓陰唇像盛開的鮮紅玫瑰花瓣層層往外綻放，這時男人會用溫暖肥厚的舌頭輕輕地反覆舔食、撥弄、品嚐，妳要以一代女皇自居，閉上眼睛愉悅地享受男人的服侍。男人舔陰需要學習的過程，所以妳要以喘息及喜悅的聲音來回應他的每次碰觸，告訴他妳喜歡哪個動作、輕重及頻率，這樣妳就能好好享受這時刻的幸福！

4.小腿：雖大街上隨處可見，但女人也許不知道，許多男人上下班、開車、逛街，最常注意女人的性感部位就是小腿，儘管漂亮臉蛋會讓男人想多看幾眼，但這不會讓他有性聯想，小腿就不一樣，一雙曲線美、雪白細嫩的腿即使在路上行走，都會令男人垂涎。

已故文學大師李敖說，「成熟男人欣賞女人從小腿往上看，年輕男人則只會看臉」，他也不諱言欣賞歌手莫文蔚修長的美腿；諾貝爾文學獎得主、日本作家川端康成也在小說中這麼形容在雨中撐傘小步行走的女人，「女人那白皙細嫩的小腿，肌膚被雨水洗得潔淨又同時沾著透明水珠，既美又性感」；又如果妳有機會看改編自《金瓶梅》的古裝情色電影，它的床戲便是從西門慶俯身親吻潘金蓮的小腿開始，一路向上舔，直到鑽進裙底。可見小腿的魅力實際上超過女人自身的想像！

5.脖子：女人的頸項白皙，皮下組織又薄，表皮肌膚特別敏感，是女人的性感帶之一，當面對面做愛時，親吻或輕咬脖子就是第一選擇！所以女性在激烈的性愛過後脖子常會留下吻痕，俗稱「種草莓」。

6.額頭：如果男人主動親吻妳的額頭，女人可以對這份感情放心，這表示他不只對妳有性慾望，也是真心想要呵護妳。

反正女人的全身上下在男人眼裡都是性感，如果妳也喜歡他，那麼，他想吻妳哪裡妳就大方接受吧，盡情去享受！

為什麼男人喜歡女人舔他的身體？

人們常說男人喜歡女人在床上表現豪放，其實這就等於男人喜歡女人在做愛時表現主動，這樣男人會很快接收到從女人發出的性慾訊息，這會讓他做愛的快感迅速昇高，並讓兩人的情慾互相激盪同步推高，像對唱山歌，直到快感的峰頂，這是每個男人都渴望卻未必在每個女人身上能得到的境界。能否讓男人得到這份尊貴的「禮物」，其實只在女人的一念之間！妳只需一轉念就可以在做愛時成為超級風騷的蕩婦，妳就可以擁有小三般的吸引力，牢牢擄獲老公的心！

另外，是男人大概都喜歡被女人舌舔，舌頭有溫度、表面濕潤、質地柔軟、動作靈活且速度可快可慢，還不會因為舌頭表面粗糙而弄痛皮膚，遠比手做的功能好很多。

●舌舔男人陰部力道要輕、舔身體力道要重

男人被女人舌舔內心必然無限愉悅，肌膚會感覺癢癢的但很舒服，親的人力度要拿捏好，如果男人癢得笑出來，表示接觸面太小、力度也太輕了，舌尖接觸面的大小輕重也要依不同部位有所不同。

身體正面包括脖子、胸部、乳頭的全部肌膚用大面積的舌部、用力點，大膽的甜吻比較好，用舌尖輕觸反而會喪失性快感！至於背部，不管是舌頭輕觸或用力舔都會很愉快。

陰部則包括睪丸和陰莖兩處。睪丸是裝在陰囊裡的蛋蛋，負責製造睪固酮和精子，在做愛時不會有快感，倒是有深褐色皺褶厚皮的陰囊，不論把它當成小點心輕舔，或是狼吞虎嚥大口含，都會很舒服、很愉快。陰囊的表皮又厚又柔軟又有皺褶，吃起來QQ的，口感很好，是女人們千萬不能錯過的好菜。

陰莖體則分為包皮、龜頭、包皮繫帶、陰莖頭冠及龜頭。對待陰莖要避免用手，因為手掌皮膚的角質太厚，觸摸不但沒快感也容易弄痛皮膚，因此切記陰莖

只能用唇舌對待，且要溫柔和緩，因為它很脆弱，很敏感！用手指捏時也要像手捧鳥兒一樣小心翼翼，避免弄痛它。

●幾乎所有男人都無法抗拒按摩的魔力！

如果妳情慾正旺，但男人一時無心做愛，這時妳有什麼辦法？讓我教妳，替他按摩就能開啟你們肉體接觸的開關！沒有男人能拒絕按摩肌膚的舒適感，若妳直接索求做愛，在對方沒有心理準備之下會讓他有壓力，但按摩不但不會帶來壓力，還會讓人放鬆，當男人全身肌肉放鬆時陰莖便容易勃起。

用妳溫暖且柔軟的手去按摩他的肌膚，可以從肩頸及背部開始，一直到腳，再從背後輕輕摸索陰囊陰莖，請他翻身再輕輕舔食陰囊，然後延著陰莖繫帶往上舔，再順著長長的陰莖上下來回，好似用舌頭不斷舔接往下流淌的冰水，最後再把龜頭含入口中，溫柔地用舌頭及口水在口中按摩。然後妳跪下來，用手指溫柔地把他的龜頭輕輕捏著，上下摩擦妳濕潤的陰道口，再緩緩的推進陰道，至少三天一次，妳可以試試，屢試不爽！

記住：男人與女人的親密關係始於性器接觸，感情轉變乃至隔閡也是起自性器的疏遠，要找回你們的親密感情，建議妳從重拾性器的親密接觸開始！

這就是男人！

男人做愛的當下只能專注在一處！

妳問我男人的性感帶在哪裡？很抱歉，男人很可憐，他的性感帶只在一處：陰莖及陰囊。

上帝待女人不薄，女人全身無一處不是性感帶！她的身體若多處同時被愛撫，可同時感覺到性愉悅，男人在一個時間點則只能享受來自一處的性快感。為什麼？因為男人的性快感來自腦皮質的反應，他的大腦只能集中注意力在一個部位。比如兩女一男的3P性愛，其中一個女人和男人性交，另一個女人和他接吻，男人這時如果把注意力集中在陰莖，陰莖會很爽，但感覺不

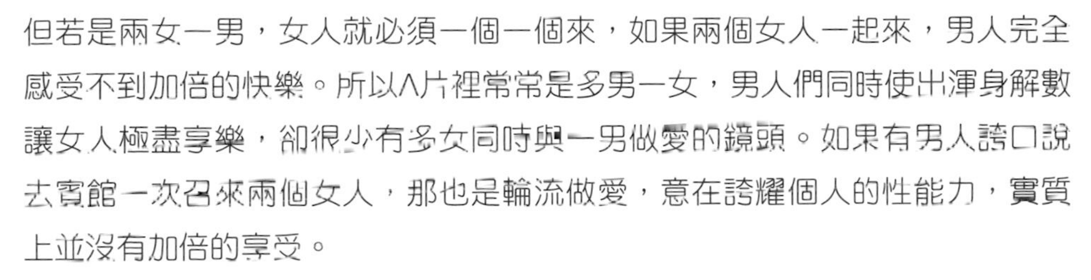

出接吻的滋味；又比如一男一女採69式體位，看似兩人皆可同時享受口唇舔食對方私密處及私密處被舔食的雙重快感，殊不知，當男人把心思集中在舌舔女伴的快樂當下，就感覺不到來自陰莖的快樂。

所以做愛玩3P或是多P，如果是兩男一女或是多男一女，這個女人能享盡性歡愉，快樂到極致；但若是兩女一男，女人就必須一個一個來，如果兩個女人一起來，男人完全感受不到加倍的快樂。所以A片裡常常是多男一女，男人們同時使出渾身解數讓女人極盡享樂，卻很少有多女同時與一男做愛的鏡頭。如果有男人誇口說去賓館一次召來兩個女人，那也是輪流做愛，意在誇耀個人的性能力，實質上並沒有加倍的享受。

●一個關於多P性愛的小故事

這個故事來自日本漫畫家弘兼憲史的名作《課長島耕作》。

一位40多歲的東京銀座媽媽桑，也是日本某大企業社長的情婦，每年七月溽暑就隻身飛往印尼峇里島，在Villa酒店渡假1個月，每天午後都照例挑5個俊帥男侍在大澡池一起服侍她入浴，洗澡後她全身赤裸，放鬆躺在大床上，喝一點高級紅酒，5個年輕男人再同步溫柔的按摩撫慰她的身體，1個小時依序輪番上陣把陰莖插入她的身體，配合浪漫的法國香頌音樂有節奏的抽送，1人上陣時其他4人也沒閒著，分別用舌頭輕舔她雪白的雙乳，1人跨跪在她面前，把陰莖放在她唇邊，供她恣意吞食……。

這樣極致的性愛只有女人的身體可以感受，男人限於生理機制，只能在服侍女人、觀看女人愉悅的過程享受心靈的快慰。有一種說法：上帝因為賦予女人懷胎的使命，讓她身體辛苦了10個月，所以在性生理上比較厚待女人，給予補償，看來不無道理！

做愛時男人喜歡白天或晚上？開燈或關燈？

「男人睜著眼做愛，女人閉著眼做愛！」這是男女不同的地方。

女人到賓館幽會，在卸下全身衣物後常迫不急待把燈光關掉或調暗，男人則通常不介意開燈或關燈，但較喜歡在光線明亮處做愛，包括白天。女人基於含蓄及害羞心理，在黑暗的掩護下會比較有安全感，心理上也比較放得開，男人這方面的壓力就很少，自然比較沒有顧慮。

男人是視覺動物，做愛時喜歡看著女人的身體、表情、動作，經由視神經把這些反應圖像傳到大腦的下視丘興奮中樞，以快速增加性慾，進而把快感往高潮推升。

另外，女人在做愛時經常是閉著眼，而男人的眼睛則是睜開的。依神經生理學的研究，女性在高潮時大腦很多地方的活動會突然停止，這些被關掉的大腦部位包括主宰意識知覺的左眼眶皮質外側及主掌道德推理的背內側前額葉皮質，學者解釋，女性在高潮時將情緒的覺識、判斷和推理都關掉，使得更能享受性愛的愉悅，這個大腦生理上熄燈的反應，正好和女人做愛時喜歡關燈的心理現象不謀而合，男人則不同，他們在高潮時大腦的判斷和推理功能照樣運轉，自然傾向光明。

緊實的陰道
最能抓住男人的心

妳可能不知道，男人對於女人陰道緊實或寬鬆有極高的重視程度，它甚至能影響一場性愛的成敗。

女人臉部肌膚會隨著年齡增加而漸漸鬆弛下垂，但很多人不知道陰道同樣也會跟隨年齡增長而變鬆弛！女人年輕時皮膚表層有豐富的脂肪和膠原蛋白，在25歲時其豐潤度達到最高峰，所以年輕女性給人感覺皮膚豐潤細緻吹彈可破，而不只是臉部，頸項、手臂、大腿、小腿、大小陰唇甚至陰道壁的皮膚皆是如此。

年紀是女人膚質最大的敵人！當照鏡子時發現兩鬢乍現白髮，臉皮逐漸鬆垮，皺紋逐漸增多且加深時，女人往往不會注意到陰道壁也在逐漸鬆弛，陰唇不若往日豐滿，陰毛也開始變白、變稀疏了。女人的陰道同樣在25歲時最為豐潤緊實，彈性也最好，加以荷爾蒙分泌處在頂峰狀態，做愛時因受到刺激使淫水輕易而大量地自然分泌，並在高潮時大量湧出。

發現陰道鬆弛要儘早設法，莫待老公跑了再整型！

如果是天天做愛或每週至少做愛一次，男人對於陰道緊實度的變化通常

不會明顯察覺，如果是相隔半個月、一個月，甚至更久才性交一次，男人就會發現陰莖插入時的舒適度有所不同！

另一種情況是，當男人有機會與老婆以外更年輕的女人性交時，譬如嫖妓、一夜情，或是外遇，他也會「頓悟」其間的差異，從此慾望會毫無理性的驅使他有機會多使用「外來貨」，自然會減少使用「本地貨」的次數。所以，當妳開始花錢在臉部打肉毒、玻尿酸時，不要忘記陰道也要好好保養了。

通常女人以為只有自然生產使陰道過度撐開才會出現鬆弛的情形，剖腹產或是未曾生產過的女性陰道就不會鬆弛，無需做陰道或陰阜整型，這樣的觀念是錯的，真正使女人陰道起變化的原因是年齡，這是任誰都無法逃脫的老化過程！

多年行醫，我做過不計其數的陰道及陰部整型手術，包括開刀、鐳射、陰部美白、小陰唇縮小整型、大陰唇補脂豐唇等，歸納來求醫的原因大致如下：

1.發現先生與年輕女人外遇，開始不與自己行房，經過道德召喚卻無效。

2.單身或單親而交往比自己年紀小的男伴，積極想給對方更滿意的性愛享受，用來抓住對方的心。

3.經過老公的善意指點，從善如流的聰明女人。

有智慧的女人不管幾歲都要保持陰部的青春狀態，重視性生活品質，才能和性伴侶同享性愛高潮。如果陰毛像頭髮一樣開始變白，務必立即使用染髮劑染黑，不然會讓男人發現妳已顯露老態，黑得發亮的陰毛色澤才會讓妳洋溢青春性感的氣息。

做愛時男人喜歡女人怎麼做？

● 男人無法抗拒女人用腳趾的挑逗！

男人的性慾源自大腦皮質作用，大腦有喜歡變化的天性，所以在性事上也喜歡變化，改變會重新激起性致！所以妳會在西洋電影中見到女人用腳趾在餐桌下偷偷撩撥男人褲襠的鏡頭，這讓男人坐立不安，因為女人的腳趾是男人無法抗拒的武器。我聽說有女性做愛高手仰躺做愛時，會用腳趾去挑弄男人的乳頭，讓男人魂飛九天，想忍住不射精都難！

利用腳趾來進行前戲也是女性主動的高招，當男人裸體仰躺時，女人單腳站立，用另一隻腳溫柔按摩他的陰莖和陰囊，或是在他陰莖勃起時用腳趾輕輕撩撥他的陰莖，這會使男人的性慾陡然往上衝高。

有位上市公司的壯年老闆說，他的美魔女女友有一雙漂亮潔白性感的腳，做愛時會把腳趾伸到他的嘴邊供他享用，雙方都感覺非常刺激，這種美好的感覺不亞於男人吸吮女人的乳頭。

日本知名漫畫家弘兼憲史的名作《課長島耕作》中就描述一位跨國企業的老社長，每次到居酒屋都會要女侍把白皙乾淨

性感的腳伸入他口中，算是男人特殊的性癖好之一吧！給妳參考也順便提醒妳，每天要把腳洗得乾乾淨淨，平日保養得細嫩潔白，讓雙腳呈現好看又可口的樣子，男人自然爭相跪倒在妳的足下！

●男人最喜歡的舔陰姿勢

通常女人仰躺在床上張開雙腿，男人就得趴著仰頭舔陰，這個姿勢頂多維持5分鐘，男人會因脖子僵硬無法持續而作罷，但女人的興致卻是方興未艾，渴望繼續下去！怎麼辦好呢？有人說69式，我認為這還不夠好，其實男人最喜歡的口交姿勢是女人蹲跨或跪跨在他臉上，男人頭靠枕頭伸出舌頭正好舔著女人的陰部，可以順著從陰道口往上舔到陰蒂，來回反覆或停住打轉，或用舌尖探入陰道，要舔多久都可以，脖子不會酸也不會僵硬，可以舔到女人過足癮，快樂衝頂直達高潮為止。女人跪著時，臉可以朝向男人腳的方向，也可以是面對頭的方向，角度不同各有趣味。

另一個方式是女人仰躺在餐桌上，男人坐在椅子上，兩手把陰唇像兩片貝殼往外扳開，盡露的陰部彷彿熟透暴開且塗滿蜜汁的無花果實，男人可恣意享用，女人想要多久男人都能使命必達。但男人享受舔陰時必須有兩個體貼的小動作：第一，把鬍子刮乾淨，不然短短的鬍根會刺痛女人陰部細嫩的皮膚；第二，在女人的臀部放一塊柔軟的墊子，否則女人的尾椎會疼痛。

熟女不可不知的性愛技巧

好馬吃點回頭草，別有一番滋味在心頭！知名旅日作家劉黎兒也曾在雜誌專欄裡說過類似的故事。

王興助和林芳姿（均為化名）兩人在大學時交往過一段時間，接吻上床親密做愛都嚐過了，但當時兩人皆年輕沒打算結婚，後來各忙各的也各交新朋友，就疏遠分離了。芳姿結婚後生了一個女兒，之後離婚成了單親媽，女兒已經上大學，興助則前後交過幾個女朋友，但始終沒結婚，時光荏苒經過20多年，兩人在一個朋友兒子的婚宴中同桌重逢，無意中四目相接，頓時彼此都有些尷尬及有點近鄉情怯的羞澀感，但終於還是在互相問候之後聊了起來，也大略知悉彼此的狀況，宴會席散時男方很紳士地邀約女方週末再次共用晚餐，女方欣然同意了。

再碰面時芳姿談起畢業後20年來自己在廣告事業努力拼搏的酸甜苦辣，如今在業界擁有一席之地；興助也聊起自己在電子公司研發好幾項專利收入頗豐的現況，餐畢芳姿坐上興助的車，兩人好像有某種默契，男人默默把車駛進摩鐵，女人靜靜的坐在一旁，不發一語。

進入房間，經過擁吻，芳姿很配合地讓男人卸下她的衣服，仰躺在床上，興助開始愛撫她的身體，親吻她的乳房，伸手撫弄她的私處，芳姿也愉悅地呻吟回應，但芳姿的陰部始終濕潤不起來，男人要插入總是不太順利，雖然費盡心思做足前戲，總覺得熱絡不起來，最後草草收場。

在興助這邊，先前幻想一樁浪漫美好的性愛幻滅了；在芳姿這邊，雖然平時也曾經自慰宣洩性慾，但好多年沒做愛，自慰堆疊形成性快感的途徑和實際做愛大不相同，所以儘管打從內心願意配合，性慾卻無法速成。兩人很有風度的穿起衣服，結束了這場約會。

經過一個月，興助都沒再打電話給芳姿，芳姿以為緣份不過是曇花一現，沒料到一天下午突然接到興助的電話，她驚訝又喜悅，再度訂下約會時間。

這次兩人見面後相偕直奔旅店，男人提議一起洗澡，他先在浴缸放滿水，試過水溫後邀芳姿共入浴池。興助溫柔地用香皂替她抹腿洗腳，在透明清徹的水中女人的肌膚顯得格外白皙細嫩，令男人性慾勃發。

興助抬起芳姿的小腿溫柔的、輕輕的用舌頭又舔又吻，芳姿此刻情慾完全被撩起，出浴後她主動拿起浴巾幫興助把身體擦乾，擦到私密處還用手掌輕輕托起他的陰莖親吻，並把它含在口中，此時興助倒吸了一口氣，陰莖自然地昂然挺立！

躺在床上，興助拿出預備好的潤滑液輕柔的用手指把它佈滿芳姿的整個陰道，又在陰道口塗抹更多的潤滑液，再取一個枕頭墊在她臀下，要芳姿輕輕的把雙腳彎曲向外展開，然後他把堅硬的陰莖輕柔和緩的由淺入深，一段一段推入，芳姿春心大動，陰道自然而然分泌出充沛的淫液，經過20分鐘左右，在兩人緊緊擁抱之下同時達到高潮！

醫師的懇切叮嚀：

1.女人「全身都是性器」，手、腳、脖子、腹股溝，無一處不是性感帶，要吻、要摸、要舔、要輕咬都可以，不必視為前戲，可直接當成做愛的片段。

2.潤滑液是不可少的，尤其是年過40的女人，僅靠自身陰道分泌的淫液是不夠的，「如狼似虎之年」指的是性心智方面的成熟度，生理上和25歲的高峰期相較仍是略遜一籌，所以千萬不能忽略潤滑液的功能，要注意不能只抹在陰道口，而是塗滿整個陰道，且在性交過程每超過5分鐘陰道必定乾澀，所以要再塗抹一次。

男人的壯陽聖品

是男人都渴望性、是人都難免衰老，這兩個因素綜合發展的結果是：很多男人都需要壯陽藥。還好老天爺知道男人的需求，把很多解方藏在大自然裡，男人們也不辭勞苦，若是靈驗，跋山涉水也要取來一用，一擲千金也不皺一下眉頭，「都是為了女人！」他們這麼說，真是用心。

所幸，近代醫藥科技發達，給男人的壯陽需求提供了大方便，幾百塊錢一顆藍色小藥丸就解決了大問題，不用熬煮、不須涉險，還能讓性與壽齊，只能說，有現代科技真好。

有個廣為流傳的網路笑話：

主持人問女來賓：男人用壯陽藥的目的是什麼？

女來賓紅著臉想了半天，回答：想不出來？

主持人立即說：標準答案，恭喜你答對了！

這女來賓是裝傻，故意逗樂大家，答案她心知肚明。以下說說處方藥與傳統春藥的差異、優劣，及它們都是藉由怎樣的藥理機轉讓男人「不出來」。

●處方藥

1.威而鋼（Viagra）

它是上世紀末（1998年美國正式核准上市）全球醫藥界對增進男人性能力最重大的發明！男性多希望擁有超強的性能力，在每次性交過程皆能堅挺持久，威而鋼的出現讓許多男人達成了他們失落已久的心願，讓他們重拾自信青春與活力！

男人勃起能力的高原期在18～30歲，40歲以後逐漸衰退，50歲以後很快走下坡。威而鋼的藥理學作用是在性刺激下增加陰莖的血流量，恢復患者失去的自然勃起反應。勃起的生理機轉包括男人在性刺激時陰莖海綿體會釋放一氧化氮，造成陰莖海綿體內的平滑肌舒張而使血液流入，使陰莖快速充血而膨脹。威而鋼可增強一氧化氮對海綿體組織的舒張效果，但需要注意的是，服用威而鋼之後並不會自然勃起，而是必須在性刺激之下才會產生藥效！

男人的用心：男人之所以處心積慮要增強自己的性能力，完全是為了讓女人在做愛當下能獲得最高度的滿足，這層用心女人要明白。

女人的貼心：在此也要建議妳，如果妳發覺男人的性能力逐漸力不從心，在他生日時買顆威而鋼給他，並在日後鼓勵他必要時繼續使用。

2.必利勁（Priligy）

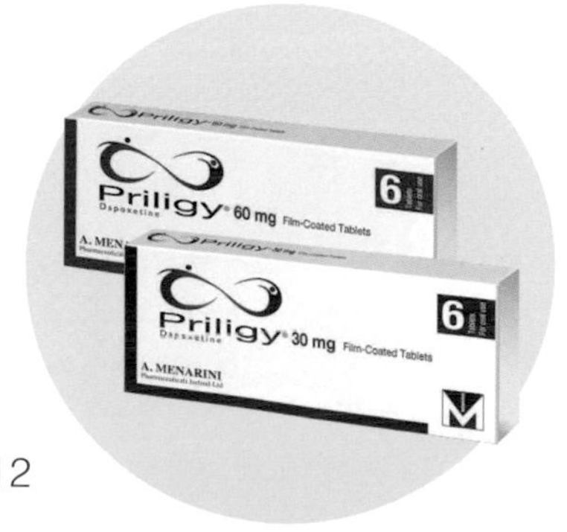

必利勁是繼威而鋼之後又一男性性功能早衰的救星，它可幫助延後男性射精的時間，人體射精主要是藉由交感神經的作用，射精機轉的路徑源自腦幹脊髓反射中心，而這些作用主要起始於腦中的一些細胞核，必利勁的作用在抑制並延遲反射，達到延後射精的效果，積極作用時間可持續12

小時，效果為使用前的2～3倍，但這種藥物只在服用時才有效，沒有根治的效果，適用對象為18～64歲有早洩情況的男性，可能的副作用包括頭痛、頭暈、腹瀉、噁心、暈厥等。

<u>必利勁和威而鋼同時服用可獲得勃起堅挺及持久的雙重效果！</u>但如果有心臟問題，例如心力衰竭或心律不整，或有中度至重度肝臟問題，及未滿18歲或超過65歲，建議不要使用。

提醒妳：如果男伴有早洩的困擾，建議他服用必利勁，在做愛前服用即可。

男人心目中完美性愛的方程式：<u>勃起60分+持久40分=完美100分</u>

必利勁的作用是使陰莖持久不射，做愛時不管男女都希望不要太早射精，陰莖的勃起越堅挺持久越好，最好能讓女人的慾望堆疊到高潮為止。威而鋼和必利勁同時服用可達成雙倍滿意的效果，但要注意：有心血管疾病正在服用硝酸鹽的病人不可服用。

3.犀利士（Cialis）

其藥理作用是使陰莖海綿體平滑肌放鬆，便於陰莖快速充血而達到滿意的堅硬勃起。臨床試驗證實，犀利士讓八成以上的陽痿患者恢復勃起，使用者在服藥後短至16分鐘、長至36小時內，對達到和維持成功性交的勃起能力有顯著改善。

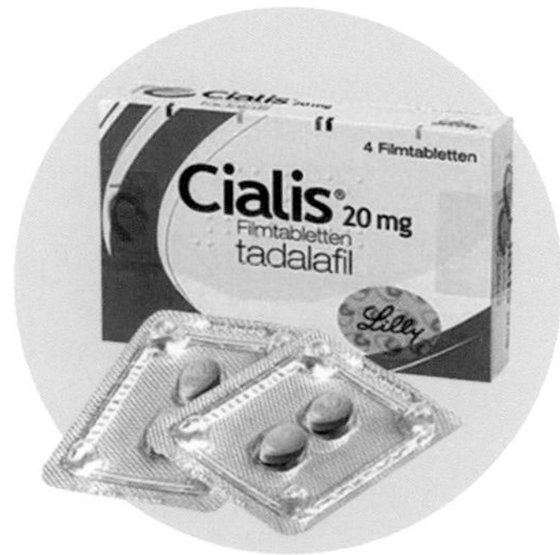

在預期性行為至少30分鐘前服用，一天最多使用一次，適用對象為18～30歲有勃起功能障礙的患者，常見的副作用有頭痛、臉部潮紅及消化不良，有些人會有背痛、肌肉疼痛和異常勃起的情形，不適合年長患者使用。

4.樂威壯（Levitra）

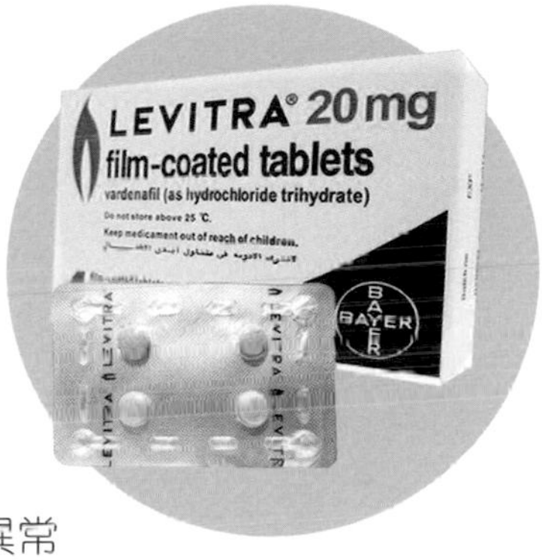

外觀為橙色的小藥丸，綽號「火焰」，它是非常強效的PDE-5抑制劑，主要是通過抑制人體陰莖海綿體內降解cGMP的磷酸二酯酶5型（PDE5），增加性刺激作用下海綿體局部內源性的一氧化氮釋放，幫助勃起功能障礙患者恢復功能，且勃起硬度高，副作用較其他藥物低，常見副作用如面部潮紅、頭暈、頭痛、鼻塞、視覺異常等，有心腦血管疾病，如風濕性心臟病、高血壓患者禁用。

樂威壯除了治療普通ED（Erectile Dysfunction，勃起功能障礙），還可有效治療難治性ED，如合併糖尿病的ED、合併抑鬱症的ED、前列腺根治術後的ED，樂威壯對這些患者有較好的安全性和耐受性，藥效可長達12小時。

5.DHEA

DHEA（Dehydroepiandrosterone，去氫皮質酮）有「增強女人性慾的超級荷爾蒙」之稱，它的作用包括強化肌肉、穩定產生性荷爾蒙、維持礦物質平衡、擴張血管、預防老化等，和雌雄激素一樣有回復青春的功能，因此有「抗老仙丹」、「荷爾蒙之母」、「超級荷爾蒙」、「青春激素」等別名，它不但能提升更年期停經女性心理及生理對性的渴望，同時也能提高陰道壁伸縮脈衝及陰道的血流量，改善女人性

冷感、增強女人性慾，且可長期服用；此外，它還能防止骨骼老化和動脈硬化、促進輸卵管發育，對腰痛、膝痛也有一定的改善效果。

有肝臟疾病、攝護腺癌、乳癌及卵巢癌患者，及18歲以下或正在哺乳的女性不建議使用。

●傳統春藥

1.印度神油

外用春藥的典型代表，它的作用是讓陰莖局部麻醉以降低刺激的敏感性，延長性交時間，本質上是一種局部麻醉劑，長期使用容易引起龜頭麻痺、性快感缺失，甚至可能使勃起功能下降或喪失。

2.金蒼蠅

一種狀似蒼蠅的昆蟲，學名斑蝥，也稱「西班牙蒼蠅」，在中國古代醫學《神農本草經》中叫做「班苗」，別名「班貓」，「其味辛寒，主寒熱鬼注蠱毒，鼠瘻惡創，疽蝕死肌，破石癃，多毒，不可久服」，在中國河南、廣西、安徽、四川、江蘇等地都有，可見金蒼蠅不是西班牙特產，中國人已用了它千年。

從金蒼蠅身上提煉的液體物質是一種神經興奮劑，據說喝了15分鐘內就會令人興奮，有心臟、肝腎功能不全等疾病者應慎用，孕婦更應忌用。

3.育亨賓（Yohimbine）

藥用植物的一種，在非洲當地被視為催情藥，現今除了被認為有益性健康（激發性慾及改善性功能障礙），也是減肥產品中的常見成分，但由於有潛在危險副作用，多數國家列為處方藥管制，使用時須謹慎。

研究指出，併用育亨賓及精氨酸有助於改善勃起功能障礙，其作用機制可能與選擇性α-2腎上腺素受體拮抗劑效應有關，它能促使平滑肌和血管收縮，達到改善勃起功能障礙的效果。

高潮對話

肌肉精實的猛男性能力也很強嗎？

肌肉與性能力無關，肌肉男恐怕是使用睪酮過量後造成睪丸萎縮的結果！

許多好萊塢英雄片的男主角如阿諾史瓦辛格，一身精實的肌肉令女人痴狂，最近國內有些純女性的聚會也風行請來猛男獨舞，全場興奮驚叫連連。看著這場景許多女人都想知道：「猛男肌肉精壯，性能力也很猛嗎？」

以下是泌尿科醫師的專業回答：男人的性能力包含能勃起性交的間隔時間、次數、陰莖勃起時的硬度、勃起的時間長短，這些都跟身上的肌肉無關，肌肉強壯不表示性能力好，相反，有些肌肉精實的健美先生或頂尖的運動選手由於過度運動，讓體內的睪酮消耗太多，反而造成不舉，更甚者會造成睪丸萎縮！

所以奉勸熱中運動或努力上健身房鍛練肌肉的男士，千萬不要以增進性能力為鍛練目標，否則可能適得其反。

一個熟女與小他20歲學生的性愛

1

這是真人真事，經過她的同意，匿其名，披露這段故事。

她因陰道發炎來求診，看診前她請求支開診間裡的護理人員告訴我這段經歷，之後才讓她們進入診間進行醫療。

後續，她在電話中一段一段說完這個故事。

2

我在某高中擔任升學班英文老師兼導師，今年40歲，32歲時先生在一次車禍意外中過世，當時尚未生子，我陷入哀慟中好久才走出來。8年來始終單身，住在先前早就購置的公寓中，因為沒有貸款的負擔，經濟尚稱寬裕。

感謝父母給我的基因，我身高163公分，身材尚稱勻稱，相貌也還可以，皮膚白皙，常曬太陽也不會黑，大學時大家說我是氣質美女，追求者眾多。

這幾年我一直獨自生活，為了怕麻煩，不再認真和男人交往，所以即使有些機會，經過一段時間後便不了了之。

故事開始於兩年前，高三升學班有一位成績優秀英文程度特別好的男同學，我欣賞他認真的態度，所以特別要他假日到我家溫習功課，準備大學考試，不必去擠圖書館，在這裡我可以方便指導他的功課。

於是，他開始每週六下午三點帶著書到我的住處，晚上十點回去，翌日上午九時再來，到下午六點回去；除了英文科，我也替他複習其他科目的考題。來了三個星期後，我想這樣來回不如週六就住在我家，客房空著可以讓他睡，我讓他回去告訴爸媽。

下個週末的下午，他果然帶著一個小旅行箱，把衣物用品一起帶了過來，他媽媽還特別打電話來道謝。

剛開始，我感覺生活中增加了許多不便，以往我一個人住，洗澡都不關門，上廁所通常也把門打開，這樣可以聽到客廳電視機播報新聞的聲音。

我習慣在外用過晚餐才回家，進門後立即沐浴，讓自己一身輕鬆，舒舒服服的只穿著浴袍、小內褲，不穿胸罩。

我的罩杯比B大、比C小一些，但滿堅挺的，攬鏡自照頗為滿意，穿上衣服也很有自信，由於我的月經量不多，平常只穿著輕薄透氣的內褲，但我的陰毛頗多，從恥骨三角以下接著兩片大陰唇再連到會陰，蓋滿黝黑濃密的陰毛，小內褲只能遮住一部份，遮不住的乾脆就讓它露出兩旁，反正穿起裙子也沒人會看見。若問我為什麼不剃陰毛，因為我從來不穿泳裝，況且我覺得自己的陰毛蠻美的，不想剃，以前老公也很喜歡我的陰毛，喜歡輕輕撫摸它，說它很性感。

可是問題來了，他住進來之後，我洗澡時浴室要上鎖，上廁所要關門，出浴後也不能輕鬆穿，我開始後悔了，幹嘛替自己找麻煩。但想到已經答應他了，而且還是我主動提議的，且只有週六、日兩天，就將就些吧！

就這樣，在接近聯考最後三個月的週末，他住在我家，我全力幫他複習，他的確也很努力，終於順利考上南部某醫學院醫學系。他的爸媽為了感謝我請我吃飯，我們四個人，他坐在我對面，在和他父親交談間我把臉轉向他，瞬間四目相接，一種渴望的眼神突然射進我的瞳孔，我的心感覺一陣痙攣，兩頰及耳朵發熱，內心頓時興奮又惶恐！

這種感覺好熟悉，讓我回想起以前老公緊抱住我，把生殖器推進我身體時他眼睛看我的眼神！我心裡一怔，難道他也對我產生了慾望？當晚，我關燈躺在床上，心臟無來由地一直撲動，翻來覆去久久才入睡。翌日，太陽光從窗外射進，驅走眼前的黑暗，我才醒過來。

我夢見了一個年輕男人，容貌依稀是我逝去的丈夫，忽然又換成學生，俯抱著我，把陰莖插入我的陰道，我的下半身發熱，很自然地把手伸進內褲開始愛撫陰蒂，很快達到前所未有的高潮，伴隨著聲嘶力竭的號叫，不知有沒有驚動鄰居？

起床後到浴室沖澡，撫觸雙乳，仍然堅挺，低頭看看，腰身仍維持得很不錯，陰毛依舊濃密亮麗，照看鏡子，雖然增加了幾條淺淺的魚尾紋，但未見一絲老態，對著鏡中的自己露出滿意的微笑，轉身離開浴室。

接連幾天，我的內心不時會湧現莫名的喜悅，但隱約透著一種擔心，彷彿有什麼事將要發生。

3

開學後不久即逢雙十連假三天，我收到一則line：「老師，我放假可不可以去找妳，住妳那裡，因為我堂弟從高雄北上參加醫學系保證班，我媽把我的房間給他住了，我問她可以借住在老師家嗎？她要我問妳。」

「好啊！」我回他。

事後我有點後悔，為什麼毫不思索就答應了他。

週五傍晚他就到了，門一打開出現一個健康俊帥氣質陽光，穿著短袖polo衫、藍色牛仔褲的年輕人，和之前印象中平頭略帶內向羞澀的學生判若兩人。哦，他已是個道道地地的男人，不是以前那個學生。

「該讓一個男人住進我家嗎？」我心裡自忖，又驚覺自己竟然有一絲絲喜悅。

翌日，他睡到中午，我沖一杯牛奶放在桌上，他兩口喝下肚，拎了一包內衣褲就要出門，說要去逛3C店，我示意他把衣物留下我替他處理，「喔，謝謝！」他快速走過來，放下衣物，猝不及防在我額頭上親了一下，隨即轉身走出門去。

下午六時左右，他打電話給我說會帶晚餐回來一起吃。果然，不多時他帶回兩碗豚骨拉麵，是在東區名店買的，我從冰箱取出兩瓶可樂，與他邊吃邊聊新鮮人的種種見聞。

餐後我把已經幫他洗好的內衣褲及一條毛巾整齊疊好拿到浴室的衣架上，我原來僅有的一條大浴巾就給他用，但這時才發現糟了，浴室門鎖一個月前損壞掉落，因為獨居，不急著找人修理，所以洗澡時門一直是敞開著。

他進浴室後輕輕把門闔上，洗澡時傳出輕鬆的哼歌聲。浴後，穿著內褲，裸著上身，手上拿著大浴巾擦著剛洗的頭髮。我突然看見，他176公分的身軀有著漂亮隆起的胸肌，雙臂結實的二頭肌、三頭肌，及小腹上微微突出但不誇張的六塊肌，我一直注視著無法把眼神移開，他邊擦頭髮邊笑著說：「我上健身房練了三個月的成績！」我頓時因為自己的忘形失態脹紅了臉，轉頭看著電視卻聽不見裡頭的聲音，眼前呈現的不是螢幕，而是他褲檔掩蓋不住突出的碩大陰莖及烏黑半露的陰囊！我清楚聽見自己強烈的心跳聲。

「換妳洗了！」他輕輕拍我的肩膀，我才猛然回過神來，迅即轉進臥室抓了衣物奔入浴室，推上門，卸下衣物，打開蓮蓬頭準備開始享受沖澡的樂趣。

當仰頭抹洗脖子時，突然望見天花板出現一隻手掌大的蜘蛛！我大驚尖叫，但見他迅速衝進來緊緊抱住我，抬頭望望天花板，然後抱起我走出浴室，把我輕放在沙發上，再轉身拿那條大毛巾蓋住我依舊沾滿沐浴乳的身體，俯身哄我，慰我，此刻兩人的眼神突然再度交會，他用雙唇堵住我的嘴，我閉上雙眼自然微張開嘴，迎接他溫柔而熱切的舌頭，兩人互相貪婪的深入對方口中恣意探索。在將舌頭探入對方口中的同時，也儘可能吸吮對方伸進來的舌頭，不知經過多久，大概是我這一生經歷過最長的吻。

未幾，我伸手往下摸到一根又硬又碩大的肉棒，不斷頂我的陰阜，他也伸出手來想握住陰莖，想要對準方位插入，我阻止了他，對著他的耳邊溫柔的說：「我們再去洗個澡吧！」他起身去浴室探看，告訴我，「大蜘蛛不見了！」

我跟著走進浴室，他拿起花灑細心的幫我從脖子、背面淋過一遍，接著蹲下來洗小腿，再示意我轉正面，我閉上眼睛享受他的溫柔對待，眼前浮現小時候我站在澡盆裡爸爸幫我洗澡的情景，內心既感激又困惑：我是他的第一個女人嗎？他為什麼能夠如此體貼！

第一回沖洗後，他又在我身上重新抹上沐浴乳，「現在才開始洗澡！」他把我自然伸到胸前的手撥開，「讓我來！」我舉起雙手，乖乖地讓他抹過我的腋下，再乳房、乳頭，他說，「妳的乳頭好美！」

「也許因為沒生過小孩！」我說。

接著，他往下輕輕順著我陰唇中間的溝由下往上滑，我從心底打了個寒顫，倒吸一大口氣！要不是混雜著水和沐浴乳，他的手指一定會發現我分泌的淫液早就大量濡濕了陰部。他蹲下來，用泡泡覆滿我又黑又長的陰毛，「妳的陰毛好美！」

「謝謝你的讚美！」當要清洗我的陰道口時，他示意我微張開大腿，細心輕柔的用沐浴乳抹洗肛門口，這時我再度倒吸了一大口氣！

隨後，他舉起花灑沖掉我身上的泡沫，我再接手替他沖洗，當用手搓摸著他的身體時心想，這男人的身體真美，我竟忘形貪婪的往下撫摸，一手拿著花灑噴水，一手托起他的陰莖緩緩搓洗，但見他的陰莖迅即膨脹，引起我的無限貪慾。

我自然的蹲下一口吞下龜頭，因為貪欲想再往前吞入更多，但我無法做到，只能吞下半根，當吞到盡頭時用舌面和雙唇環抱著陰莖緩慢往後退出，好似品嚐一根圓柱形的冰棒，或是垂直吞食一支熱狗。

只見他一直喘息，而他的陰莖每在我口中進出一次，就比先前更堅硬一些，我舔嚐他龜頭分泌的略微鹹澀的男性蜜液，未幾時我見他喘息不斷，呼吸急促，突然間他兩手緊抱住我的頭，仰天長嘯，隨著一陣陣號叫，陰莖也一次又一次的膨脹，一次又一次噴出乳白色的精液，我迫不及待一口接住，像是貪食蛇把精液一點一滴毫無遺漏地吞下喉嚨，在它逐漸頹軟時，我貪婪的把陰莖週圍剩下的精華全部舔食乾淨。

我把他疲軟下來的陰莖沖淨擦乾，站起來仰頭看著他，發現他的眼神有些疲倦，他立刻捧著我的臉湊上嘴唇，兩人再度激情舌吻一番後相擁步出浴室，躺上主臥King size的大床上。

他完全放鬆，閉著眼，仰臥，右手摟著我，我側躺，把臉靠在他的右胸，右腳微屈疊跨著他的腿，肉體和肉體緊密貼著，我清楚感受到他肌膚的溫度，好實在好貼近，我精神亢奮，完全沒感到疲憊。

問他渴不渴？他半睜開眼，輕輕撫摸我的頭髮，點點頭，我於是起身用馬克杯裝了半杯無糖茶飲，他仰身欲起，我溫柔地推他，示意他躺下，把茶含在嘴裡，唇對唇把茶水送入他口中，接連三回，他熱情地回應，「謝謝你！」

他好帥，我早已經忘記他曾經和我是什麼關係，呈現在眼前的是那麼美好，我上前輕輕吻他，他突然用兩手抱住我的頭，又是一陣激吻，我右手往下碰觸到他的下體，發現他的陰莖已經再度勃起，太神奇了！

我趴在他身上，把勃起的陰莖緊貼著我的陰部並夾住兩腿，我注視著他的臉溫柔的問：「你什麼時候開始喜歡老師的？」對此，他沒有正面回答。

「我想插進去妳那裡好嗎？」他說。

我用右手兩指拎起他的陰莖，張開腿緩緩地坐上去，「哦…」一支碩大堅硬溫熱的肉棒由下而上深深進入我的身體，我感覺它好像快要頂到我的心臟，我寧願用任何代價去換取這一刻的快樂，我甚至願意讓他的陰莖永遠留在我的陰道，直到世界末日！

我腦海浮現渡邊純一《失樂園》中凜子和久木裸體相擁殉情的畫面：女子和面對面的男子緊緊相擁，私處緊密結合，男子的陰莖仍然插在女子的陰道內，由於發現時屍體已僵硬，因此無法輕易分開，兩名警官合力才終於分開兩人。

回到現實，他開始用堅硬的陰莖頂我，我從陶醉中回神後也同時上下相迎，忽然他的臀部迅速上下抽動，有如電動馬達，我跟不上節奏，只好保持固定姿勢享受他快速進出的快感，這感覺好像一頭猛牛用鈍圓的角拚命頂妳的私處，他的陰莖根部不斷碰觸摩擦我的陰蒂及陰道前壁，我望向掛在壁上

的時鐘，他急速抽送至少10分鐘，在我聲嘶力竭狂叫之後他才停下來，我頹然伏趴在他身上，右臉貼在他結實的胸肌上，頭髮四散垂墜。我壓在他身上似乎睡著了，但仍感受到他的陰莖依然堅硬挺直的插在我的陰道中，半睡半醒之間我感覺此生足矣。

我結婚時先生38歲，在兩年的婚姻生活中，他的陰莖從來沒給我這麼實在的感覺。難道18年的差距會讓男人的性能力衰退至此嗎？年輕真的那麼好嗎？抑或是此刻躺在我身旁的男人是天賦異秉？

約莫半個鐘頭後，他在我耳邊輕聲說道，「老師，很累嗎？」說話的聲音把我喚醒了，「老師」？現在聽起來感覺好陌生，「你認為我們現在是什麼關係？」

他尷尬的笑笑，搖頭說，「不知道。」

我說：「以後叫姊姊！」

我翻身坐起，發現他臀下的床單濕了一大片。是他的精液嗎？不，他還沒射精！那無非就是我自己的淫液了？是積累了十年的量今日終有機會一併噴出的嗎？我暗自開了自己一個玩笑。

我起床走進浴室，他也跟著進來，示意我不要動，說要幫我洗澡，我說方才流了好多汗不洗頭不行，他要我頭低下，把洗髮乳往我頭上抹，接著開始揉搓按摩，他的手指修長漂亮，早在他拿筆寫字時我就注意到了。他用雙手輕抓我的頭皮，我感覺好舒服，為了防止洗髮水流入眼睛，他不斷體貼的把我兩邊的頭髮往後撩起。

「你有幫誰洗過頭髮嗎？」

「有，我媽都要我幫她洗。」我心裡一怔，沒再問下去。

我低著頭眼睛看著前方，他的陰莖垂下來，有一般台灣香蕉那麼長，記憶中我先生平常未勃起的陰莖大概只有小芭蕉那樣，男人陰莖的長度和手指有相關嗎？但是我大學時飽讀性書的閨蜜告訴我，毫無關聯。

我好奇的用手去撥弄他的陰莖，他冷不防屁股往後一縮，「老師，妳很

調皮喔！」

「是啊，我現在才20歲，是姊姊！」我順便糾正他。

「換我幫你洗。」我提議。

「我先替你把陰部洗好！」他回答。

他擠出一大坨沐浴乳在右手心，左手從我背後繞到肛門口，先把沐浴乳塗抹整個陰部，再用手指輕輕搓揉，洗遍大小陰唇、陰蒂，再繞著陰道淺淺的溝，我閉上眼睛腦海浮現藍藍的晴空，如茵的綠草，大雁展翅飛翔，一大片黃色野菊花園併著紅玫瑰，間或夾雜著橙黃色的柑橘、紫色的桔梗，微風陣陣吹拂，好舒服好舒服……，突然間，一支手指慢慢滑入我的陰道，啊，我深深吸了一口氣，全身的毛細孔一起收縮，雞皮疙瘩浮現，爽到靈魂都快出竅了，我不由自主地緊抓住他的腰，翌日，在他的左右腰背出現兩道爪痕。

4

走出浴室，我問他，「咖啡？」他坐在沙發，點點頭。

我接著說，「第一次看一個男人全裸坐在我客廳。」

他調皮地回答，「我也是第一次看到一個美麗女人一絲不掛在煮咖啡！」

我把兩杯咖啡放在茶几，少女一樣把頭靠在他的肩膀，右手順著他的身體向下撫摸抵達陰莖，忍不住將它環握住，很快它又膨脹起來，我邊撫弄邊輕聲問他，「老實告訴我，你是第一次和女人做愛嗎？」

「你為什麼這麼問？」

「我覺得你對女人的身體很熟悉！」

「妳很好奇想聽嗎？」他說，「我唯一的阿姨大我18歲，在我12歲時我爸媽和一批電子業的朋友一起去大陸創業，把我一個人留在台北，剛好不婚的阿姨到台北來要租房子，媽媽就邀她住在我家，可以順便照顧我。阿姨是音樂系畢業主修鋼琴，白天教鋼琴，時間很自由，她長得和媽媽很像，一樣漂亮，但更年輕，她初到我家時媽媽當她的面告訴我，媽媽不在家時阿姨就等於媽媽，她會照顧你。爸媽赴大陸工作6年，這6年正好是小男孩經歷轉變成男人的過程。

阿姨的男友是個攝影藝術工作者，阿姨也有繪畫天分，兩人很契合，個性都很浪漫，很隨性，也都很疼我。她常帶男友到家裡過夜，我在書房常聽到他們一起洗澡時的嬉笑調戲聲，內心忐忑不定。

阿姨浴後總是穿著寬鬆的洋裝，裡面什麼都沒有，我時常會無意地看到她的乳頭，坐著時也常不經意露出烏黑的陰毛，她一定知道我的眼睛有意無意在窺視，但全不以為意，我猜她有時還故意把腿張開一點，對於她似乎是故意的好意，我當時是心存感激的。

有一次，阿姨慵懶的挺直身體裸露出下半身橫躺在沙發上，雙腿跨在只穿內褲的男友腿上，男友正一根一根數著她又長又黑的陰毛，看我從浴室出來，他問我要不要一起數，我漲紅了兩頰，兩耳熱烘烘的，快步走進臥室關起門，不由自主地手淫起來。

我對陰毛的興趣發生在10歲，那是因為我發現陰莖的根部長出細細的毛，很快的越來越多、越粗，也越濃密。一開始我只是好奇，把它視為秘密，但那年暑假爸媽帶我去峇里島度假，villa裡有個小泳池，上午時光我們三人全裸下池去泡水，在陽光照射下水暖暖的很舒服，我第一次注意到爸爸的陰莖根部有一堆毛，且有一部份往上長到靠近肚臍，不多久爸爸接到台灣打來的電話，便進屋去處理公事，留下我和媽媽，我羞澀地趁機要媽媽看我的陰毛，媽媽笑著說：「這表示你要變大人了，你看我也有很多啊！」

我全神貫注的看著她半浮在水面的下體，又長又黑的陰毛像海草一樣漂浮在水面，煞是好看。「媽媽的陰毛很多，爸爸的也很多，所以你將來應該也會有很多。」我日後看到小阿姨的陰毛時，媽媽的樣子很自然地呈現在腦海裡，咦，兩人的陰毛都很多、很長，應該也是遺傳。

媽媽仰泳漂浮，我站立著，水面只與我的胸部齊平，媽媽把我的手牽著，讓我摸她漂浮在水面若隱若現的陰毛，我伸手去摸，好柔軟，手指自然地往下觸摸到大陰唇，下面的肌膚好嫩好軟好好摸，接著往肛門前方往上撫摸，我發現手指頭沾滿了像沐浴乳般的黏液，我把手指放入口中嚐嚐，甜甜鹹鹹的，我瞧她一眼，她閉著眼一臉正在享受的表情，「用手扶著我的腰，我才能繼續保持浮起！」

我用左手扶著她，右手繼續探索她兩片陰唇中間的溝，她自然且舒服的發出輕輕的喘息聲，「嗯嗯，啊啊」。如此約莫進行了半個小時，我想來點變化，便用兩支指頭稍往外翻開她的陰唇，並用其中一支在陰道入口環繞著觸摸，當我把手指頭再往深處探入的剎那，她「啊！」地叫出一聲突然站立起來，雙手緊緊擁抱著我不斷喘息，過了兩分鐘左右才放鬆下來，出乎我意料的她伸手向下，在水中摸著我勃起多時的陰莖，笑著對我說：「你已經是大人了！」

下午我們一起到大泳池，在屋裡準備換裝時，當著大家的面三人把衣物全部卸下，爸爸很快拉上泳褲先走了出去，媽媽也隨即取出比基尼，喔，這女人的身材真不是蓋的，這時我注意到她蓬鬆的陰毛從小泳褲裡露了出來，她隨意地把陰毛從泳褲兩側往內塞，雖然做得並不確實，仍然露出來一些，但她好像不太在意。

她知道我從頭到尾一直注視著她的動作，完成動作後她抬頭告訴我，「你長大了，今後要把我當成媽媽，也要把我當成一個女人看待，才不會太依賴我，成為媽寶。」

整個下午，她在池畔躺椅上休息時總要戴上太陽眼鏡，白皙的皮膚，修長的雙腿，好美喔，但我一直注視她從泳褲兩旁外露出來黝黑捲曲的陰毛，並窺看走過的旁人有沒有注意到。

晚上，用完冗長浪漫的義大利風味餐回房時我有些累了，於是先上床休息。我要說明一下，這臥室很大，有兩張大床，我睡其中一個，他倆一起沐

浴後叫侍者送來紅酒，邊喝邊談論生意的事。

我上床拉上棉被睡覺之後他們一起走進臥室，把浴袍一脫丟在地上，就上床擁抱，纏綿，好像電影的畫面，忽而男上女下，轉而女上男下，女人不斷呻吟，偶爾狂叫，旁若無人！我蜷著身體，把頭埋進被窩，從縫隙往外看著整個過程。最後見倆人狂喊一聲，同時癱軟倒臥在床上，我也累了，不知不覺睡著了。

翌日，金色的陽光斜射入臥室，把我輕輕喚醒，爸媽也還躺在床上，我依稀聽見媽媽告訴爸爸昨天在小泳池發生的事，爸爸說，「很好啊！男人在成長過程就應該給予正確的性教育，給予學習瞭解女人身體的機會，北歐國家對子女的性教育就是如此，性就好比陽光、空氣、水是生活的必需品。男人正確瞭解女人對性的反應，以後才能理性處理男女關係，不會因一時的性誘惑而失去理性，造成遺憾，我很贊成全家一起洗澡，也不反對妳和孩子一起洗澡。青春期的男孩如果父母對他有太多性的禁止和限制，反而會驅使他向外追求不健康的性知識來發洩慾望，反而容易誤入歧途……。」

「性是陽光、空氣、水，是生活的必需品」，這句話深刻的印在我的腦海裡。

5

把場景拉回客廳，他繼續說著，我往牆面上一瞧，時鐘告訴我現在是凌晨兩點，令我驚訝的是兩人皆毫無倦意，而我握著他陰莖的手也沒放鬆，更令我驚奇的是，經過兩個多小時，他的陰莖竟然一直硬挺著。

我把已經冷掉的咖啡拿到他嘴邊，示意他暫停說故事，這時我突發奇想，含了一口咖啡俯身把他的陰莖緩緩含入口中，在咖啡浸潤下吸吮他的陰莖，啊～，他發出喘息聲，約莫經過10分鐘，他的陰莖暴脹如木頭，龜頭飽滿如渾圓多汁的成熟紅李，令我食慾性慾雙漲，他悄悄用雙手扶著我的頭，「老師，我站起來，久了妳的脖子會酸！」

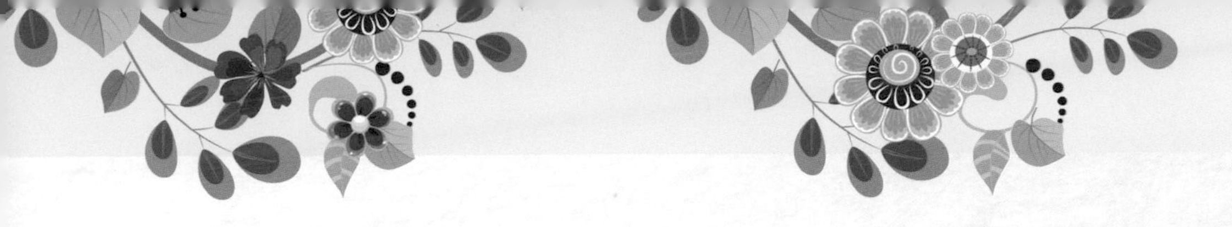

他站著，突出的陰莖正好碰觸到我的嘴唇，我向前正好一口吞進他的半截陰莖，我意圖一口吞進整條陰莖，但頂多只能含入一半，這比我老公的陰莖長了至少約3公分，他的龜頭和陰莖形狀像蘑菇也像棒棒糖，頭大而膨出，無怪乎在插入陰道時我感覺他的陰莖好粗，且抽出時有倒勾的感覺！

這讓我想起野史記載武則天偏好龜頭前端碩大如紅李的陰莖，太平公主替武后篩選男寵的方法就是賜浴，在男人洗澡時觀察他的陽具，如果是母親喜歡的那型就見獵心喜，據說她還常宣召陪寢，自己先試用看看，滿意的再推薦給母親。

我如饑似渴已久，貪婪的吞食眼前的陰莖，也輪流左右兩側橫舔，仰頭再舔陰囊，反覆再三。忽然，他激動地用雙手抱住我的頭，制止我的動作，閉著眼吸了一口氣，然後示意我趴跪在沙發上，臀部朝外，他跪下，用雙手向外扳開我的雙臀，讓陰唇如花瓣般綻放，接著他伸出舌頭，舔著我的陰蒂及兩片小陰唇，再把舌頭伸長插入陰道環繞探索，這時換我受不了，伸手拍拍他的頭，喘息著說：「快點插我，我受不了了！」

他站起來，用堅硬筆直的陰莖長驅直入我的陰道，我的心臟像是要從口中衝出，數不清他來回抽插了幾次，也不知自己經過了幾次高潮，地球彷彿停止旋轉，時間好像停住了幾個時辰，突然他大叫一聲射在我身體內，我頹然倒臥在沙發上，他也癱軟伏趴在我身上，兩人相擁入睡！

天亮後，我發現自己竟舒服的躺在大床上，原來半夜時他醒過來，把我抱起放在床上。當我睜開眼睛，見他在窗邊挺直站立，兩手各執一條健身繩使勁往外展開，間或把兩肩夾帶腰椎向後彎，我沒辦法不去看他腋下濃密茂盛的腋毛，頓時我的慾望又再度被撩了起來！

他全身赤裸望向窗外，在這32層樓高的地方，眼前是藍色淡水河和綠色觀音山，他把身體傲然面向藍天，我慵懶的躺在床上，側著頭欣賞他性感的肌肉線條，使我想起義大利佛羅倫斯美術學院門前的大衛雕像，他的身體線條足以媲美大衛，結實內斂而不誇張，但我認為他的陰莖和睪丸比大衛要碩大得多，事實上，當年出遊義大利一起觀看舉世聞名的米開朗基羅的大衛雕像時，在驚艷興奮之際，私下的議論幾乎一致對於大衛的陽具這樣小感到有些失望！

欣賞他唯美性感的胴體之際，忽然有一絲感覺浮上心頭：難道一年前我主動邀請他到家裡溫習功課時已經愛上他，只是當時自己並未察覺而已！

奧地利精神醫學大師佛洛伊德說，「沒有口誤這回事，所有口誤都是潛意識的真實流露，所有的動機都有源頭，這個源頭來自潛意識」，那麼，我當初幫他溫習功課的用心難道不是純粹出自善意，真實的講，在潛意識裡我早就對他有好感，不然為什麼不選擇輔導其他人呢？為什麼不選擇一個女生呢？因為他長得好看嗎？還是我當時在潛意識裡就埋藏著對他的性慾望，且驅使我這麼去做，而善意只是我的手段，掩飾我對他關於性的慾望，讓我可以光明正大去做這件事，但最終就是要達到和他上床做愛的目的，享受他的肉體，用來抒發我潛藏鬱積了多年早就蠢蠢欲動的性慾望？原來今天發生的這一切都是我內心深處的想望，是出自要滿足我性慾的陰謀，是我在潛意識裡早就設計好的？思索到此我不禁打了個冷顫，性的慾望好可怕！

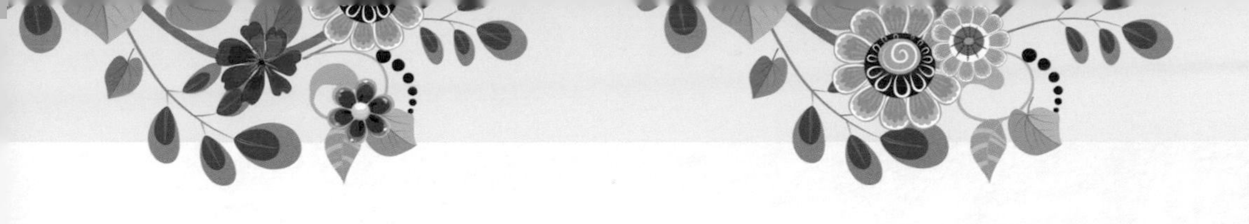

6

這時手機顯示的時間是週日上午十點，他裸體在落地窗前的櫸木地板上做伏地挺身，往後仰做蛙人操，六塊腹肌、人魚線分明但不誇張，大腿肌肉線條也完美呈現，最令我心驚膽跳的是他腹部下那一大撮陰毛，像雄獅頭上長而賁張的鬣毛，跟著身體的動作一次又一次往上挺，烏黑的毛叢中豎起一根筆直如印地安圖騰的肉色圓柱，讓我眼睛頓時一亮清醒過來！

我不禁拿起手機開始錄影，拍攝到忘我之際他突然翻身躍起壓在我身上，不待我準備好就把方才我正注視著的強壯陰莖插入我的身體，我大叫一聲雙手往後一攤，手機失手掉落地板！

他堅實的雙臀好像電動馬達，以每分鐘百次的速率快速抽送，我欲死欲活不斷嘶喊，他卻置若罔聞，這麼持續了十多分鐘，抽插了上千下，我雙腳癱軟雙手抬不起來，嘴巴說不出話，汗水自他的胸膛涔涔滴落在我的雙乳，再順勢流到背後，透濕床單。

他一個躍翻起身，伸手拾起地上的手機遞給我，示意我打開，他專注的看著影片中的人，「這是真實的我嗎？」他露出難以置信的表情，「我從未這樣清楚的看自己的陽具呢，妳喜歡嗎？」經他一問，我的臉頰頓時緋紅兩耳發熱，「鏡頭出自選擇，從拍出的影像可以看出攝影者內心深處的喜好！」攝影專家這麼說。

我發現連續拍攝的許多照片都是他挺立的陰莖及陰部的特寫，「照像是要讓時間暫停，抓住瞬間的美好，使感動成為永恆！」我告訴他。

他也取來手機並開始拍攝，「我也要把瞬間的美好留住，讓它成為永恆！」

我慵懶的躺在舒適的床上，緩慢地向右轉又緩緩的轉回來。他的鏡頭很認真的注視著我毫無保留的胴體，一段一段的錄影也不斷的同步拍照，從左到右，從上到下，轉而從正面斜角，忽而由遠到近，或要我張開腿，把手機放在距離陰部不到10公分處，用鏡頭仔細端詳，並連續拍攝……。

約20分鐘後他放下手機，把左腿放在我張開的右腿上，兩人交疊仰躺。「我從鏡頭中發現妳身體的每一部份都美得讓我快窒息，我一直按快門，要不是手撐不住了，根本不想停，妳整個身體就是一部電影，每個部位都是一個完美的停格，可以整體觀看，也可以分別欣賞！」他說。

「你拍照的每個畫面都是經過你大腦的選擇，不知不覺透露出你的喜好！」他聽了我說的話哈哈一笑，我忙追問他笑什麼？他說：「我發現我們都把對方的陰部拍最多特寫，那代表什麼？」

我狠狠地捏一下他的臀部，他立即撲到我身上，兩人又激烈擁吻，雙腿拼命攫住對方，上下翻騰，我迫不急待抓住他早已勃起的陰莖放到我的陰道口，他迅即推入，整根沒入插到盡頭！

7

我起身去浴室沖澡，看了時鐘已是下午一點半，頓時感覺饑腸轆轆，他說不想出門用餐，我走到床邊拿起手機點外送Pizza，他仰躺在床上說，「加一份炸雞，他們的炸雞好吃！」邊說邊把他的手伸入浴巾裡面，用手指撩撥我的陰唇玩弄起來，我單腿站立，左膝頂住床半跪著，忍著刺激快速訂好餐，把他正插入在我陰道的中指拉出來！

啊，我深吸一口氣，「快去洗澡吧！」我拍一下他的手。

我閉上眼，聽著浴室裡的水聲，年輕真好，在過去24小時內他射精兩次，中間除了小睡兩個小時，其餘時間他的陰莖幾乎都一碰觸就勃起，插入在我的陰道超過10次，加總起來300分鐘，我新婚時先生38歲，一星期最多能做愛三次，每次不超過10分鐘，我當時對性愛的享受已經很滿足，這兩天的經歷讓我大開眼界，我想，要不是有這個學生，我一生是不是就這樣平淡地過下去，而我對男人性能力的認識也就只局限於先生，但我現在體驗了另一個截然不同的男人，完全顛覆了我先前對男人的理解。

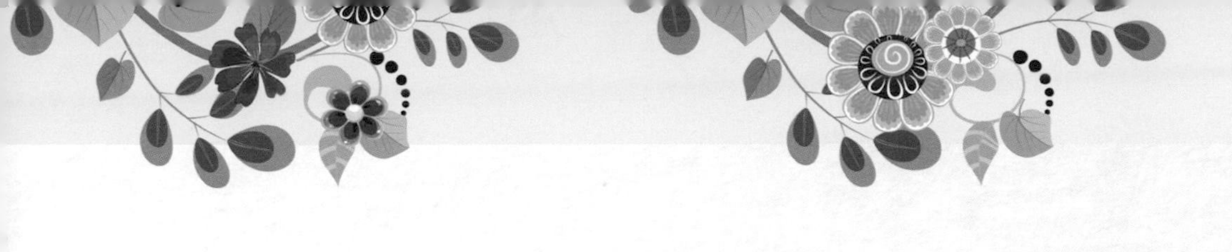

正常男人的性能力應該像老公？還是眼前這個體溫猶留在我身上的男人？又究竟是前一個男人的性能力太弱？還單純是因為這個學生的性能力超強？男人的性能力是一種天賦嗎？亦是和年輕有關？假設老公當時只有20歲，性能力也是一樣嗎？……

「快過來泡澡！」浴室傳來他的呼喚。

8

有人按門鈴，我急忙套上睡衣拿起錢包去開門，把Pizza接過手放在餐桌上轉身進入浴室，只見他肩膀以下已經沒入浴缸，我當著他的面卸下睡袍，抬起一隻腳尖緩緩踩入水中，但見他的陰莖巍然如肉棒突出水面，有如潛艇的潛望鏡！

我把下半身泡入水中和他對面而坐，捧起他的腳一根一根洗他的腳趾頭，他的腳好好看，我腦海中不禁再浮現米開朗基羅的大衛雕像，他的腳趾和大衛的一模一樣，不會太短，形狀漂亮，他開口了，「我媽媽最注重腳的清潔，我們家男生回家頭一件事就是進浴室把腳洗乾淨，腳趾要用力搓，腳底要用刷子把氣味全部洗去，一旦有剩餘氣味我媽便叫我進浴室，親自替我再洗一次。」

「我和你媽一樣很重視腳的清潔，我也喜歡和你做愛時你的腳乾淨沒有味道。」我說。

他突然伸出雙手把我的腳拉到嘴邊，我的身體瞬間滑入水中，他張口吞入我的大拇指用力吮舔，接著含入第二趾溫柔的吸，再來是第三、第四、第五趾；右腳食畢換左腳，一陣酥麻的感覺醞釀出愈來愈強烈的快感，自足底往上竄到頭皮再遍及全身，接著從陰道深處湧出一股溫暖而充沛的液體，我忽覺陰

道奇癢內心淫蕩不能自己，當感覺快要受不了時於是把腳一縮，起身蹲跨張開兩腿，右手抓住他堅挺的陰莖，把龜頭對準我的陰穴筆直的插入，堅硬的肉棒頓時塞滿我饑渴無比的陰道，我感覺像在坐雲霄飛車，心臟快要無力負荷！

我拼命的前後扭臀，使勁的摩擦整條陰莖，好像每一吋陰道都非常饑渴，務必使每個角落都碰觸到陰莖，不管浴缸的水花四處噴濺，約莫過了20分鐘，突然感覺骨盆臟器一陣陣痙攣，我全身愉快的抽搐，四肢鬆軟頹然撲倒在他身上！

9

我好想趴在他赤裸的身上泡在暖暖的水裡睡一覺，但忽然想起桌上的Pizza，我親一下他的脖子站起來，裹著浴巾走出浴室，從冰箱拿出兩罐可樂，拿起一塊Pizza遞到他嘴邊，他咬一口。

「我看你不像初次做愛，你讀高中時沒有女朋友嗎？」我問。

「沒有，我媽說高中時要用功讀書，才能考上好學校，交女朋友太浪費時間。

我去峇里島渡假回來到13歲這幾年時間，爸爸常被派去大陸出差，一去就是一個月，家中只剩下我和媽媽，此後媽媽對我的性教育就比較開放了，爸爸出國時她就讓我跟她一起睡，睡前我會告訴她同學偷看媽媽洗澡的事。我還告訴她有同學把媽媽換下的內褲偷偷放在書包帶到教室，下課時同學聚在一起輪流聞內褲的味道，當看到褲子上插著一根捲曲的陰毛時都會很興奮，同學也會爭相偷窺女老師當天穿什麼顏色的內褲等等，我一五一十的告訴她，她微笑著耐心聽。

我開始半夜會夢遺射精，我叫醒她，她便帶我到浴室幫我洗下體，常常

在她幫我洗澡時我的陰莖又硬了起來，她邊用毛巾擦乾我的陰莖邊笑著說，年輕就是有好體力。

她睡覺時通常只套一件睡衣，裡面空無一物，她認為睡覺時穿著內褲、胸罩會使身體不能充分放鬆，有時半夜在微弱的燈光下我會偷看她半露的乳房、衣物掀開的臀部，甚至半裸露的下體，她偶爾醒來半睜開眼睛，知道我在看她也不以為意，有時我會為了要看清楚一點悄悄把她的睡袍往上掀起，她也不會阻止。

有一次半夜我的腿碰到她的腿，她睡夢中很自然地轉身用腳夾住我，我的陰莖立即勃起性慾高漲而開始手淫起來，她被我的動作吵醒，於是坐起身要我躺平，開始用手輕輕握住我的陰莖溫柔地替我手淫，我很快達到高潮，射出好多精液！

她用手包握住精液，再取衛生紙擦拭後帶我到浴室清洗，因為流了很多汗，她便把我的上衣脫掉，我高舉雙手任由她洗遍全身，不多時水潑濺弄濕了她的衣服，她索性脫掉衣物赤裸裸的呈現在我眼前，泰然自若的把香皂遞到我手上，要我幫她抹背，接著她轉身看到我的陰莖已然勃起，便用手輕觸幾下陰莖，笑著說，『年輕真好，你爸爸20年前也一樣！』

洗完後我們一起走回臥室，她掀開被子示意我躺靠近，兩人相擁，她一覺睡到天亮，我卻挺著陰莖睜著眼睛，一夜無眠。」

10

我明白了這年輕學生為什麼會那麼自然的愛上一個年齡遠大於他的女人的原因了，他的母親讓他相當程度滿足了戀母的慾望，這個慾望的出發點依佛洛伊德的理論是源於性慾。因為戀母情節得到了抒發，所以他和父親相處得很好，沒有出現明顯的反抗期，使中學時期能專心於功課，「我爸媽認為青春期的男生因為性慾如潮水般洶湧，若得不到疏解就不能專心讀書，會想盡辦法向外追求年齡相近的女生，反而會荒廢功課，所以他們以歐洲人開放的性教育方式來教育我。爸爸說：『你要愛每個人，但性需求如陽光、空氣、水，是自然現象，和愛不能混為一談。』」

「我國中、高中時的同學談論女生，和女同學去郊遊、唱卡拉OK、生日趴，我都覺得很幼稚，對女同學也沒有太大興趣，我倒是很喜歡百貨公司的化妝品專櫃小姐，她們穿著高跟鞋、洋裝，小腿細長，髮型俐落，臉上的妝看起來亮麗且神采奕奕，相較之下女同學顯得不成熟，一點也激不起我的性意念。」

「老師，我再告訴妳一個秘密，三年前妳初到我們學校時我就注意到妳。那時我才高一，妳教高三，每天下課我就會在三樓欄杆看著妳從教室走到辦公室，上課鈴響了我會再到欄杆望著妳走出來，緩緩的走進教室，這時我才會轉身最後一個進教室。我把這些告訴媽媽，媽媽說，你以後要找的老婆無論氣質和身材就是要像這位老師一樣，我聽了就很安心，每天去上學都滿心喜悅。高三時妳擔任我們的班導師，我當時就立志要很用功，尤其努力把英文學好，爭取妳的好感。」

「你第一次做愛的人是我嗎？」我好奇地問，他做愛的動作雖然不是很純熟，但是一點也不生澀，而且慾望永遠是得寸進尺；男人如此，女人又何嘗不是，當母親搖身變成女人，和兒子一起洗澡，替他手淫的當時，小男人的性慾難道不會跟著陰莖而膨脹、噴發，如脫韁野馬遏止不住呢？

「我當時想要的是媽媽，但好幾次都被她用手把我的陰莖及時撥開了。」

「不行，這是你爸爸的權利！我和你身體親近可以看成是男女關係，也可以是親子的親密關係，但是進一步的只有我的丈夫可以單獨享用，這就是倫理。除了我以外，你和其他女人進一步性交都不會有

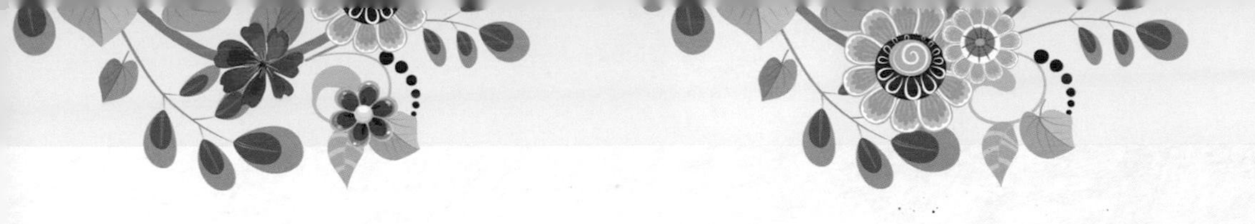

問題。」她說。

我以女人的心態思考，女人在身體被挑逗，慾望如螺旋梯般逐級升高之時，難道不會突然失控？「會的，她會要我用手指插入她的陰道，並要我盡量深入，直到虎口卡住恥骨，大拇指壓住陰蒂為止，只見她肚皮顫抖，兩肩翻動，雙腿抽搐，高潮陣陣釋出，而我的陰莖也在她雙手緊握之下同步噴出濃濃的精液來！」

11

「我爸媽去大陸期間阿姨住進我家，個性浪漫的她常帶男朋友回家，每次兩人都一起洗澡，洗澡時都不關門，時時傳出打情罵俏的笑聲，浴後就走出來做愛，有時在沙發上，有時在臥室，好像無視我的存在。如果在沙發上做愛，在她快樂呻吟仰頭看到我時還會對我笑。我的第一次是在阿姨的要求下和她做的。

阿姨的男友每週來兩次，每次晚餐後就和阿姨做愛，完事之後就回去，後來我發現好像阿姨較主動，因為每次她男友來的前一晚就聽到她打電話確認隔天的事，男友好像是每週兩次必須把自己奉獻給阿姨享用的和牛大餐！

有個週末，到了晚餐時間仍不見她男友出現，阿姨一直打手機他都沒接，一直等到我們吃完飯了，他才來電說有要事當晚不能過來，阿姨很生氣，放下手機轉身走進浴室。沒多久，見她肩膀披著浴巾，近乎全裸的微笑著走向我，好像已經忘記剛才的不愉快，俯身溫柔地對我說：『跟我來，阿姨幫你洗澡！』我無力抗拒她的溫柔和性感，站起來跟隨她走進浴室。

她溫柔的把我的上衣卸除，低下頭開始舌舔我，從胸膛到脖子週圍，然後用雙手抱住我的頭猛烈的舌吻，我也很自然的回應。這是我第一次和女人接吻！我媽媽不和我嘴對嘴接吻，只讓我恣意吻舔她的陰部，這是我初次享受到女人柔軟靈活充滿熱切慾望的舌頭。」

「接吻有種很奇妙的感覺，她的舌頭好像不斷在攪動我的靈魂，剎那間我發現自己愛上她了！我想，她也把我當成情人了嗎？

激吻的同時她解開我的皮帶，急切拉下拉鍊，把手伸入底褲恣意探索我的陰莖，我迅即脫下褲子，兩人肉體緊貼的當下，她的一隻手緊緊抓住我堅硬挺直的陰莖，使勁摩搓她的陰阜，慾火高漲的兩人相扶持直奔主臥房，她把我推倒在床，跨上我的身體，把我的陰莖迅即沒入她的陰道！接著，她瘋狂的扭動臀部，好似拼命要把我的陰莖榨出肉汁來，我注視著她閉眼享受的陶醉表情，終於可以分辨出她給我的感覺和媽媽有什麼不一樣了！

媽媽不是我的女人，阿姨已經是我的女人，她的身體屬於我的，媽媽的不是我的！我終於弄懂了，對母親純粹是肉體的愛戀，和阿姨才是情人的愛戀！」

經過了接吻，陰莖進入對方的陰道，改變了彼此關係的根本性質，我內心不禁深深佩服他的母親，在炙烈如火的性慾望當中，竟能理智的劃出一道清楚的界線，在慾望正炙的當下把男人的陰莖推開，堅守兒子與丈夫的分野，實屬不易。

我知道男人在性愛方面是充滿獸性、極度缺乏理智的，倫理尤如一張薄紙，在烈火之前瞬間化為灰燼，我相信男人的陰莖如果沒在臨門時被撥開，他會毫不遲疑把陰莖插入女人的陰道，即使面對的是自己的母親！男人如非洲草原的獵豹，只要性慾高漲，倫理即蕩然無存，道德更不過是一張入水即溶的棉紙，可惜女人始終無法理解。

12

專注著聽他說話，我全然沒感覺Pizza的滋味，兩人不知不覺把一個直徑30公分的大Pizza吃完了。飽暖思淫慾？談話間我忽然興起一股強烈的慾望，喔不，應該是話題在腦海呈現的情境撩撥起我的慾念！

「到床上我替你按摩，你一直不停地做愛，又接連射精，一定很累！」我的提議其實暗藏著想再貼近他肉體的慾念。他趴在床上，兩臂的肱二頭肌鼓起，結實而不誇張，兩肩胛骨的大圓肌自然隆起，擴背肌可以看到兩側肋骨的線條，脊椎略微凹陷筆直的來到尾椎，隆起後再突然陷入兩邊翹起的臀部中線暗溝，這線條好看在凹凸有致，圓潤而沒有侵略性，不會讓人有壓力。很多女人喜歡適度健身的男人，但應該也和我一樣，不會喜歡健美比賽中全身肌肉的選手吧。

我從他脖子、肩膀、背部，輕輕的一直按到腳底，他輕聲的說很舒服；背部按完他仍然趴著，好像還沉溺在舒適的情境中，我俯看他的雙臀、肩背，皮膚淨白細嫩，我的慾望油然而生，拿枕頭塞到他的小腹下，此時他深褐色的睪丸及陰莖繫帶赫然呈現在我眼前，我忍不住自己的慾念，毫不遲疑的趴下舔食他的陰囊，再把睪丸含在口中，用舌頭挑逗它，當我把他的雙臀往兩側撥開，眼前呈現淺褐色輪狀有皺褶的肛門之眼，更激起我的食慾，我用舌尖一再舔食，他突然發出呻吟，連說舒服，我特別舔久一點，只見他原本下垂的陰莖迅速筆直的挺起，向下頂在床面上。

我從他陰莖背面順著繫帶由下往上舔，舔著表面皺摺皮層厚實的陰囊，口感很好，半晌，他翻過身來喘息著說，「好舒服，我阿姨最喜歡舔我身體皮膚顏色比較深的地方，她說口感比較好，會令她興奮，所以她常常舔我的睪丸、肛門皺摺、乳頭，」我說，「嘴唇也是色澤較深的地方，所以人們也喜歡接吻，是嗎？」其實我也有同感，我也喜歡舔食男人的睪丸、肛門和乳頭。

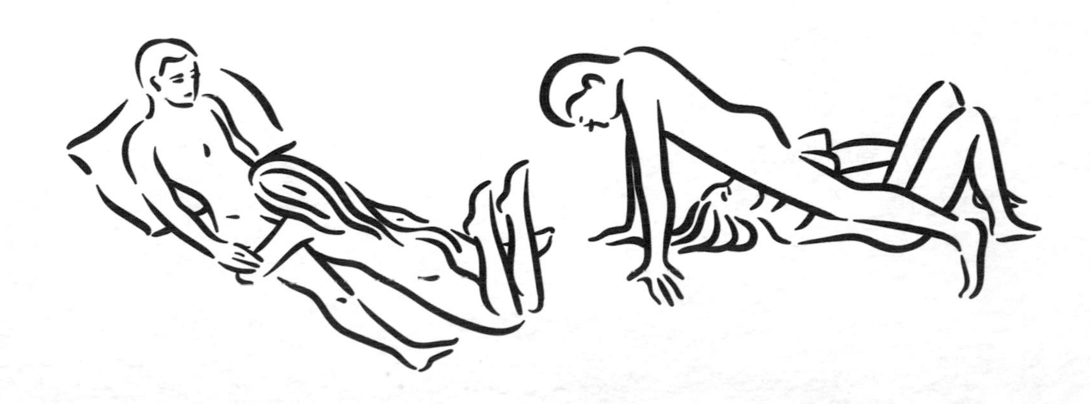

13

「換妳趴著，我從後面舔妳！」我言聽計從，立即轉身呈貓趴的姿勢跪在床緣，他蹲著，用手扳開我的雙臀，用伸長的舌頭捲進我的陰道，努力想要把整條舌頭全部深入陰道，然後再舔遍小陰唇、前庭及陰蒂，間或用口夾住我的陰唇輕舔，最後用柔軟的舌尖挑逗勃起變硬的陰蒂，再往後回舔到肛門週圍敏感的皺摺。

我忍不住了要他快點插進來，不料他竟自顧拾起掉在地板的手機開始拍攝、錄影，用另一隻手把我的陰唇向外扳得更開！我再度呼喚，他終於站起來，我感覺他陰莖前端推進了我的陰道，慢慢地全根都沒入，啊～，我禁不住驚歎一聲。

我的陰道緊緊抱住他溫熱的肉柱，又長又硬的一根，我的滿足感升到最高點，我求他不要抽出，我試圖收縮我的肛門擴約肌，讓陰道努力吸吮陰莖，使陰道壁的每一吋肌膚都緊貼著這條溫熱可口的肉棒，我的淫液大量泌出，把整條肉棒充分浸在其中，把他的睪丸及陰毛全都沾濕了。

隨後他開始抽動，令我驚訝的是他竟知道採取《素女經》中「九淺一深」（註）的方法，先把陰莖插入約1/3，淺淺的在陰道口來回九次，把我陰道搔得奇癢，第十次再深深插入直抵盡頭，每一次深插我的心臟便好像要衝出口，直教我欲死欲活！

這樣九淺一深成一回合，來回進出了二十回合，計兩百次，讓我兩腿發軟，末了我大叫一聲，忽然陰道一陣陣抽搐後噴發出大量淫液，隨後撲倒在床，他也同時高潮，射出大量精液在我的陰道深處，兩人交疊在一起昏睡了過去！

註

九淺一深法

原文

黃帝曰：陰陽貴有法乎？

素女曰：臨禦女時，先令婦人放平安身，屈兩腳，男入其間，銜其口，撫摩其玉莖，擊其門戶東西兩旁，如是食頃徐徐內入。玉莖肥大者內寸半，弱小者入一寸，勿搖動之，徐出更入，除百病。勿令四旁泄出。玉莖入玉門，自然生熱，且急，婦人身當自動搖，上與男相得，然後深之，男女百病消滅。淺刺琴弦，入三寸半，當閉口刺之，一二三四五六七八九，因深之，至昆石旁往來，口當婦人口而吸氣，行行九九之道訖，乃如此。

譯文

黃帝問素女：男女之間的性交合，必須遵循一定的法則嗎？

素女回答：在進行交合之前，首先讓女方正面仰臥在床上，將兩腳向上屈曲，男方俯臥在女方的大腿之間，親吻她的嘴唇，吮吸她的舌頭，撫摸按摩她的陰蒂，用手掌輕輕拍打她陰戶的兩邊，大約一頓飯的功夫後再慢慢將陰莖插入陰道。陰莖肥大的男人先插入一寸半，陰莖瘦小的男人先插入一寸左右，但不要急於搖動，緩慢地將陰莖抽出後再一次插入，這樣能消除百病。射精時不要讓雙方混合在一起的陰液四面流溢。男方陰莖插入女方陰道後，自然會因為陰道的溫熱而勃起，女方也會無意識地搖動身體，用這種方式向上獲取來自陰莖的刺激，這時男方便可將陰莖插得更深一些，這樣做能消除男女百病。

刺激女方陰道的淺處後主要的目標是麥齒，也就是處女膜所在的位置，一般情況下只要深入到三寸半處。應當閉上嘴，屏住呼吸，集中全部精力刺激這個部位，默數一到九，讓陰莖插得更深一些，一直深入到昆石，也就是陰道穹窿與直腸子宮陷窩相接處，在那裡來回衝撞。男方的嘴對著女方的嘴，深深地吸氣，一次又一次按照九淺一深的規則進行性交合。

14

當兩人不約而同醒來時已經夜幕低垂，晚餐該吃什麼呢？我實在不想走出門去，這需要考慮穿什麼衣服、要不要化妝，還要考慮走路時要不要摟著他，那樣會與現在的心靈狀態比較相稱，但又擔心被熟人撞見，若各走各的感覺又不自然，我靈機一動提議「我來煮泡麵」，「OK！」他說。

我從櫃子取出兩包海鮮麵，水煮沸後下泡麵，再打兩顆雞蛋放入後關閉瓦斯，我只披著一件薄外套，他則全裸，兩人在餐桌相對著用餐，當彼此都專注著對方的身體時相視笑了出來。

「我做夢也想不到有這麼一刻會這樣和妳一起吃飯！」

「是啊，我也從來沒有一絲不掛和人用餐。」

餐後他坐在沙發，我收拾了餐桌，再煮了一壺咖啡，咖啡的香氣四溢，我端上咖啡坐到他身旁，他正看著手機的照片，我打開收音機，愛樂電台正播放莫札特費加洛婚禮的詠嘆調《情為何物》（註），我往他的手機一看，「那是什麼？」「妳的秘密後花園！」他說。

天啊！是方才我跪在床緣他從背後拍的相片，我重重在他大腿上打了一下，多像一只長毛的鮑魚！陰唇和陰道口的皺摺好似鮑魚會動的腹足，黝黑濃密的陰毛佈滿陰唇的兩邊，又延伸到肛門擴約肌環繞一圈，我從來沒用這樣的角度看自己的陰部，這是第一次，且竟是這麼清楚的看見。

註 《情為何物》（Canzona"Voi che sapete"）是〈費加洛婚禮〉中的第11曲，由童僕凱魯比諾對著伯爵夫人演唱。

Voi che sapete Che cosa è amor / 妳們女人知道什麼才是愛
Donne vedete S'io l'ho nel cor / 請聽我傾訴心扉敞開
Donne vedete S'io l'ho nel cor / 請聽我傾訴心扉敞開
Quello ch'io provo Vi ri diro / 我感到的一切如此奇怪
E per me nuovo Capir nol so / 它是那樣陌生讓人無法釋懷

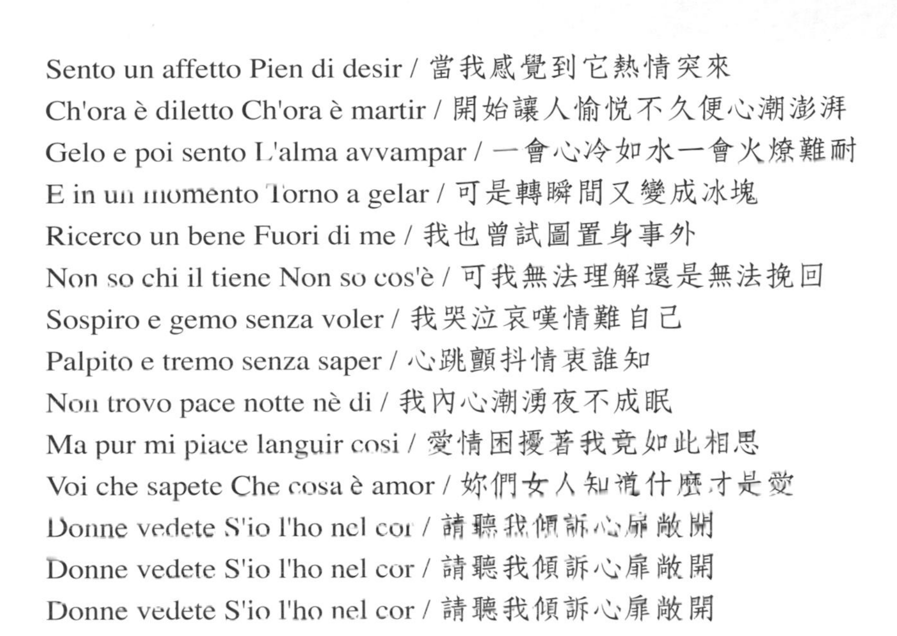

Sento un affetto Pien di desir / 當我感覺到它熱情突來
Ch'ora è diletto Ch'ora è martir / 開始讓人愉悅不久便心潮澎湃
Gelo e poi sento L'alma avvampar / 一會心冷如水一會火燎難耐
E in un momento Torno a gelar / 可是轉瞬間又變成冰塊
Ricerco un bene Fuori di me / 我也曾試圖置身事外
Non so chi il tiene Non so cos'è / 可我無法理解還是無法挽回
Sospiro e gemo senza voler / 我哭泣哀嘆情難自己
Palpito e tremo senza saper / 心跳顫抖情衷誰知
Non trovo pace notte nè di / 我內心潮湧夜不成眠
Ma pur mi piace languir cosi / 愛情困擾著我竟如此相思
Voi che sapete Che cosa è amor / 妳們女人知道什麼才是愛
Donne vedete S'io l'ho nel cor / 請聽我傾訴心扉敞開
Donne vedete S'io l'ho nel cor / 請聽我傾訴心扉敞開
Donne vedete S'io l'ho nel cor / 請聽我傾訴心扉敞開

15

「我有一個很棒的發現，」他右手拿著手機，左手摟住我的肩，「妳的陰道口和肛門很接近，所以從背後插入很順，而且我可以把陰莖全部沒入妳的陰道，插入時妳會很舒服！」

「你有比較過別人的嗎？」我好奇的問。

他說，「是阿姨的男朋友告訴我的，他說女人的陰部如同面孔，每個人都不同，陰毛的多寡、長短、分佈樣貌，如蝴蝶羽翼的小陰唇色澤或是深褐或是淡茶色，大陰唇的肥腴削瘦也人人都不同；但只要你用心比較，很快就能分辨出來。譬如你初到非洲，看每個人的臉孔彷彿都相似，但經過一段時間相處後，你會發現沒有人的臉孔是一樣的。」

「他還告訴我，女人的陰道口越接近肛門，男人的陰莖可以插入越深，不會被兩旁的大腿擋到，性交時可以輕易且順利的全根沒入，男人會多一種暢快感，女人也會覺得更刺激。他說，所有陸地上的哺乳動物性交都是從背後插入，只有人類可以面對面，大概是人類習慣面對面講話、相對擁抱，所以陰道口逐漸往前演化，離肛門越來越遠，但有人的陰道口仍然和肛門較靠近，這樣的女人在演化上比較原始，所以性慾較接近野獸，會比較強！」

我大笑，「你在說我的性慾比較強嗎？」

他說，「是的，我是這麼感覺，比起阿姨妳更主動，我比較喜歡和妳做愛！」

我腦海瞬間浮現一部片名為《色戒》的坎城影展西藏電影，劇情描述一個熟女和年輕和尚熱戀，在西藏高原的一個石屋中，一條長布幅從橫樑垂墜到地，女人裸身坐在亦赤裸躺在地板的男人身上，把他堅挺的陰莖納入自己的陰道，膝蓋屈起，雙手攀著布幅，以插在她體內的陰莖為軸心快速旋轉，好像體操選手表演特技。我想那位性感美麗的女主角，她的陰道出口應該也是向下，很靠近肛門吧！

「從後面看比從前面看更像鮑魚！」他說，「攝影真神奇，阿姨的男友是個攝影專家，他說攝影是抓住美好的瞬間，把它凝結並使之成為永恆，可以一看再看，也可與人分享，這是攝影迷人的地方，而人體攝影使人們可以從另一個角度看到自己，冷靜仔細的回看，從中發現自己的美，就好像齊柏林從空中拍攝使我們發現台灣的美一樣！

阿姨的男友常用單眼相機隨機拍攝她的裸體照，從來不要她擺姿勢，在她自顧自洗澡時連續拍攝各種動作，包括洗髮後吹乾頭髮、香皂泡沫佈滿全身、黝黑的陰毛混雜著白色泡沫，都很性感，不管拍成照片或影片，事後都可以不斷回味。」

我非常同意，如果不是攝影，我絕對沒有機會從這樣的角度這麼清楚的看見自己的陰部！

16

說著，我發現他的陰莖又硬挺起來了，我很自然的用手握住他的陰莖，說，「可以把我陰部的照片傳給我嗎？」

「好，但請妳馬上為我做一件事！」他拍拍餐桌示意我躺上去，我聽他的話照做，瞬間脊背感覺涼涼的，我把兩膝弓起張開仰躺著，他搬來椅子坐下，把嘴巴湊向我的私密花園，開始舔花吃草品嚐蜜汁美味，那貪婪的舌頭似乎有無止盡的慾望，靈活多變反覆舔遍我的陰蒂、陰唇、陰道、會陰、肛門口，我忍不住頻頻驚呼！

約莫過了半小時，我的忍耐已經到了極限，陰道開始陣陣抽搐，腹部也痙攣無法自控，「快點插進來，拜託，快點進來！」我吶喊著，他立即站立起來把堅挺的陰莖深深插入到底，我的心臟又像要跳出口一次！

他重覆把陰莖抽出又溫柔的整支推入到盡頭，如此進出上百回，我全身上下抖動，欲仙欲死，終於又再度高潮噴出大量淫液，然後全身癱軟兩腿垂掛在餐桌下，我昏睡過去了！半睡半醒之間，我發現他拿起手機開始從四面八方各個角度拍攝我的身體……。

不知睡了多久，醒來後發現身體蓋著薄被，心裡一陣感動，忽然發現我已經愛上他了，他是我的情人嗎？我不敢置信。

17

我終於相信女人也會因為愉悅的性愛而愛上一個男人！如果對某個男人起初缺乏感情或至少沒有惡感，在某種機遇下，兩人的性愛讓她感覺美好充滿歡愉，女人就會因此愛上這個男人；換句話說，「由性而愛」在女人也是可能發生的。

那麼一個已婚女人，假如她的丈夫在性事方面表現得很糟糕，妻子一旦有機會和另一個男人春風一度，她應該很難忘懷甜蜜的時刻，所以繼續劈腿

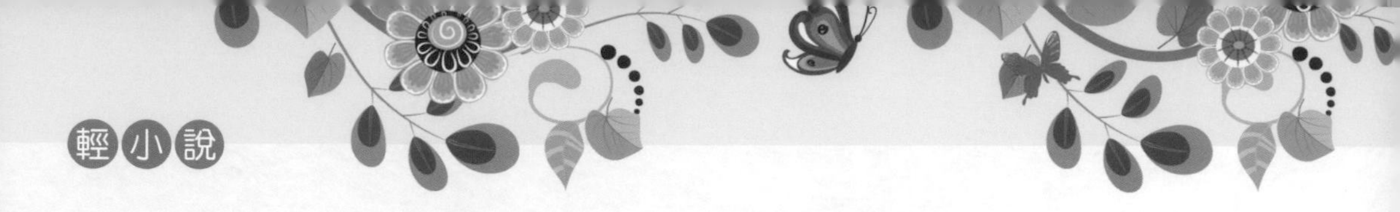

下去是很有可能的，因為肉體的記憶實在是太甜美太深刻了！

如果未婚，而男友床上功夫表現不佳，女人又有機會認識新的男人，並從他那兒獲得刻骨銘心的性經驗，那麼她的心會跟隨身體的感覺離開原來的男人，這樣的發展是自然且必然的。

我沖澡後進入臥室，看他熟睡的樣子令我喜悅又憐惜，他似乎因為日夜連續做愛而累癱了，我上床依偎著他溫暖的身體，內心深處滿溢著幸福，安然進入夢鄉。

18

朝陽的白光穿透玻璃照射在我的眼皮，我張開眼看著仍睡著的他，轉身把右腳跨在他腿上，他閉著眼把我緊緊夾在他兩腿間，雙手把我環抱貼著他溫熱的胸膛，我內心湧現幸福的感覺，祈望此刻地球停止轉動，讓這片刻成為永恆！

我望向掛在牆上的時鐘，指針指著十點，腸子嘰哩咕嚕叫，我想著得去弄點吃的，抽出腿，輕輕放開他的手起身漱洗，抬頭看著鏡中的自己，除了一點淡淡的魚尾紋，額頭仍然光滑，因為近年來沒有太多煩惱，抬頭紋不多，應該可以說是姊弟戀吧！我心裡這麼告訴自己。

換上洋裝，我走到街上買了一條土司、奶油、橘子醬，再去藥房買了事後避孕丸、一瓶潤滑液，我雖然每次做愛都有足夠的激情使陰道分泌夠多的淫液，但每回做愛若超過30分鐘，在抽插上千次的情況下沒補充潤滑液是不行的。

進門後他已經在盥洗，我把奶油塗在甫烤好的吐司上立即香氣四溢，他受到香氣的吸引不知不覺走到餐桌旁坐下，我倒了兩杯鮮奶，一人一杯，配著烤吐司。

「這兩天讓你累壞了吧！」我說。

「哦，不會，很快樂，睡一下體力就恢復了，況且我很喜歡和妳做愛，

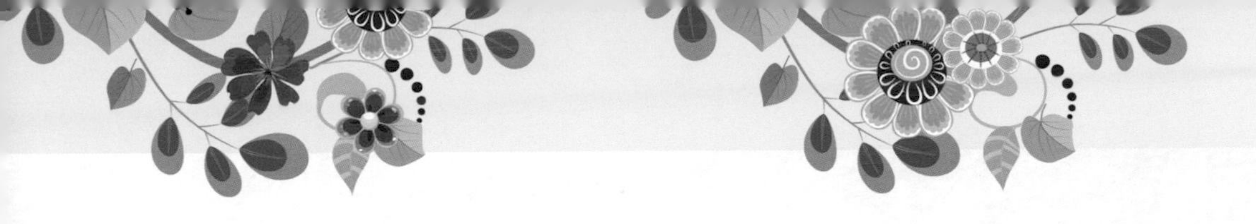

陰莖在妳身體裡的感覺很舒服，讓我樂此不疲，只要再度勃起，就會想再插入。」

「每個女人都可以讓你很舒服呀！」我說。

「哦，不一樣，我和阿姨做愛也很刺激，可是和妳做更興奮！」他回答。

「有什麼不一樣？」我問。

「妳的陰道是軟軟厚厚的感覺，緊緊抱著我的陰莖，阿姨的沒那麼緊，而且妳的表情含蓄而生動，呻吟聲也自然美妙不誇張，阿姨是呼天搶地的，很刺激卻沒有美感。我每回做愛內心都會升起好愛妳的感覺，但和阿姨做愛是在享樂，從來沒有愛她的感覺。當我把精液射進妳身體的那一刻，好想把靈魂也一起衝進去！」

「男人和不同女人做愛是有個別記憶的，是嗎？」

「是啊！女人和不同男人做愛不也是感受不一樣嗎？」

「嗯，好像也是。我先生的陰莖比較短一點，也沒那麼粗，形狀像熱狗，龜頭也沒特別隆起；你的龜頭特別膨大，像紅李，又像棒棒糖，也像榔頭，在陰道滑動的感覺特別深刻刺激，抽出有倒鉤的感覺，快感特別強烈，更重要的是你的陰莖勃起時特別堅硬上挺，我的慾望被你的陰莖喚起，胃口也被養大了！」

可見男人的陰莖是有記憶的，它會區別陰道的鬆與緊，對女人在做愛時的表情和叫床聲也會做比較；而女人的陰道也是有記憶的，形狀不一樣的陰莖給女人不一樣的感覺，也帶給女人不一樣的回憶。

如果在十年前，我仍是有夫之婦，假設有某個機會遇到像他這樣讓我瘋狂想要做愛的男人，不知道我會不會劈腿？想到這裡，不覺心中為之一顫！

19

吃畢中餐，我體貼的要替他按摩，他很快伏趴在床上，我跪在他身旁，從頸部開始，邊按摩邊聊天，「按摩立刻讓我想起了阿姨，她喜歡我幫她按摩，也教我很多性知識，她告訴我做愛和手淫不同，做愛是兩個人的事，必須隨時想對方快不快樂，不能只顧讓自己射精，如果只顧自己那和手淫沒有兩樣。

她說男人勃起持久很重要，女人的慾火像炭會越燒越旺，到全面熟成就一發不可收拾，你一定要忍住，要堅持到沸騰噴發的那一刻，要如何能有這樣的能耐呢？她給我一篇《心經》叫我背熟，「觀自在菩薩行深般若波羅蜜多時，照見五蘊皆空，……色即是空，空即是色，……，」當我快控制不住要射出時即閉上眼睛，深吸一口氣，在腦子裡默念《心經》，十之八九可以抑制住，但有時太過激動還是沒辦法，精液就直接衝出去了。她也告訴我在做愛過程中先慢慢淺淺的釣女人胃口，誘導女人的陰道自動分泌出淫液，再深深的、直直的插入到底，女人必然跟著尖叫出來。

我看她做愛時情不自禁發出的呻吟聲及身體的自然扭動，漸漸領悟出使女人快樂的竅門，我也知道女人高潮時陰道的狀態是先擴張弓起，像河豚鼓起的腹部，繼而是噴出大量淫液，然後不斷地抽搐、收縮。

她教我不要一衝動起來就埋頭苦幹，也教我先把陰莖插入陰道的1/3，抽插50次，她閉著眼睛替我數，然後更深入2/3，再抽插50次，最後是全根沒入再全根抽出50次，數到一半她已數不下去，聲音頓時轉為高潮之前的狂呼。我因此知道，女人陰道前1/3、中段、及深處1/3段的快感是不同的，且每一段陰道接受陰莖碰觸的快感也不相同。

我阿姨熱愛古典音樂，做愛時最愛播放拉威爾的〈波麗露〉，這曲子的旋律由慢而快很優美，好像螺旋般重覆旋轉逐漸變快並往上昇高，她要我做愛時把陰莖插入，順著音樂的節奏由慢漸次加快，她的慾望也跟著迴旋昇高，曲終時達到高潮。

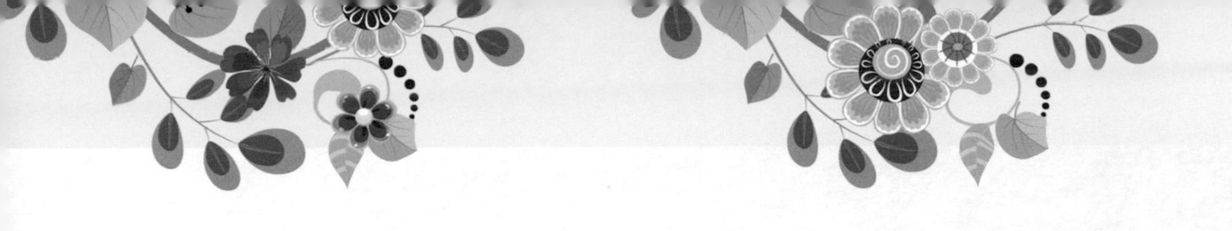

20

我聽得入神了，她的阿姨是個何等聰明且懂得享受的女人！她教導男人做愛技巧的同時不也是教他如何取悅自己嗎？不可否認，這讓雙方都可以在做愛過程中得到更高的享受。是不是每個女人都該好好指導她的男人怎麼做愛，把他訓練好了再供自己享用？啊，我怎麼會有那麼淫蕩的想法！

「我阿姨說，女人最理想的人生應該是在20歲時找個大她20歲的男人當性伴侶，讓熟男教她做愛技巧，引導她享受性愛的甜美，等她到了40歲正如熟透多汁的水蜜桃，對性愛的美好已經食髓知味，此時應當回頭找個小她20歲的男人當情人，因為年輕男人血氣方剛，性欲高漲且體力充沛，能夠持續做愛不易疲累，正符合熟女的胃口，而與熟女同齡的男人此時性能力已經大幅衰退，體能也無法持久折騰，即使是心有餘也力不足，無法再滿足女人的胃口了！」

「照這樣說，女人完美的一生應該經歷兩個男人，先是年長的熟男當她的老師，然後是年輕的小鮮肉當她的學生兼玩偶，是不是呢？」我說，「是的，我阿姨說的正是如此！」

21

我幫他把全身每一吋肌膚幾乎都按摩到了，邊聊天我邊用手指撫摸他的陰囊，「好舒服，這種快感比撫摸陰莖好，舔陰囊比舔龜頭還要舒服！」

他翻過身來，我用手指拈著龜頭，往上提起陰莖，把頭埋在他的胯下，開始用舌頭輕輕舔食他的陰囊，再順著陰莖繫帶往上舔，他頻頻輕呼「好舒服，好舒服……」。

約莫20分鐘，他的陰莖已堅硬如石，我的春心為之蕩漾起來，一躍而起，蹲踞

著把他的龜頭在我的陰道口前後輕觸幾下，出於陰道口早已淫水欲滴，剎那間他的陰莖迅速滑進陰道，長長的陽具盡沒入到底，當下我舒服得深深倒吸一口氣！是我在玩他還是他在玩我？應該說彼此都在玩對方，也都相互在取悅對方吧！

我的臀部快速由前往後迴旋扭轉，臀部提上坐下，陰道使勁揉搓他碩大的陰莖，奮力想要把它揉捏榨出汁來！約莫20分鐘後我累癱了，雙腿酸軟，身體也垮了，趴在他的身上不斷地喘息；他溫柔的抱著我，撫摸我的背部，我感受到他炙熱的陰莖仍堅挺，躺在我濕透了的陰道裡。

22

待我們醒過來時落地窗外已經繁星點點，我快速起身走進浴室沖澡，再把烤好的吐司塗上奶油，他悄悄走近從背後環抱住我，低頭親吻我的頸項，我轉頭迎向他，兩人再度熱烈的舌吻；我把鮮奶溫熱，兩人在餐桌對角坐著。

「我喜歡烤吐司塗上金黃色的奶油，奶油化成液體浸滲入麵包，又香又好吃，配一杯溫牛奶，是早餐之王！」

「很高興你喜歡，這也是我經常吃的早餐，既簡單又好吃。」我盯著他的臉。

「妳心裡在想什麼？」

「我在想你的阿姨，她教你很多性愛的技巧和知識，真是少見的開放女人，我很好奇想多知道她和她男友互動的情形？」

旅日作家劉黎兒在《歡迎光臨性愛百貨店》中提到，女人對於性愛或許保守些，但性愛的幻想則未必，像女人喜愛的體位是正常位，但若被問到「有機會想嘗試的性愛方式」？首位居然是「3P」，但女人想像的3P跟男人有所不同，她們想像的是2男1女居多……。

我很好奇像她阿姨這樣浪漫又思想開放的女人，如何和兩個男人互動？我問他，阿姨的男友後來有繼續來找她嗎？他知道你們有發生性關係嗎？

「我阿姨隔天就告訴他了，他說，『很棒啊，妳是個很有福份的女人！』」

「當晚，阿姨的男友叫我進浴室，要我和他一起幫阿姨洗澡，他先把阿姨的胸部和陰部交給我洗，自己走到背後替她洗背，阿姨把雙手高高舉起，露出舒服的表情，當我用手指輕輕揉洗她的陰部時，她的臀部頻頻扭動，並發出輕微的呻吟聲。洗畢，阿姨的男友遞給我浴巾，示意我替她擦乾身體，他自己則披上浴巾走出浴室，我很細心的從背面擦到正面，再從頸部往下，她自動高舉雙手，讓我從腋下、胸部，順著腰，經過肚臍，再往下順著鼠蹊、大腿，最後到小腿，當她抬起一隻小腿讓我擦拭時我順勢蹲下，突然撞見她貼近在我眼前白皙完美的肌膚，不禁心旌動搖！擦畢後我站了起來，阿姨隨後走出浴室，我獨自用浴巾把身體擦乾，也跟進主臥室。

這時，我眼前呈現一個皮膚白皙，雙腿修長，雙乳堅挺，氣質高雅，帶著淫蕩表情的美女，平躺在大床上……

『過來，拿一條毛巾，我教你如何享用女人！』阿姨的男友說。

他把阿姨的右腳輕輕扶起，『首先，你要知道，所有的女人只要裸體躺在你面前，就單純只是一個女人，不論年齡、輩分，不論社會地位，這些全都是身外之物，一律都跟著衣物卸下；第二，做愛不是只有陰莖插入抽出的動作，更不是為了讓男人發洩性慾，你要先用眼睛看，端詳她肌膚、身形的美，用唇舌品嚐舔聞肉體的美味，用手指輕撫感覺皮膚的柔美細緻，女人身體的每個部位是一道道不同風味的小菜，合起來就是一桌滿漢全席！

你仔細看，從腳往上看去，床上這美麗的女體，好像一條肉質鮮美細嫩的清蒸石斑魚，我教你怎麼享用這難得的美味，一起來吧！』」

23

他把阿姨的左腳溫柔舉起捧在手心，要我用手愛撫她的右腳，「寵愛女人先寵愛她的腳開始！」

阿姨的男友要我同時溫和撫摸她的腳背，兩人各持一足，用手指輕輕撫觸她的腳趾並逐個愛撫，但見仰躺在床上的女人閉著眼露出舒服的表情。接著，我們兩人各執一足，同時把她兩足的大拇趾含進嘴裡，開始吸吮、舔食，這時阿姨興奮的陣陣喘息，他示意我把阿姨另外四根腳趾一起含入口中並用舌頭逐一舔食，這是我過去從來沒想過的做愛情趣！無意間我低頭瞧見阿姨的陰道已經汨汨流出許多淫液。

「女人的腳是最敏感的部位，做愛時絕對不能忽略，腳背的皮膚最薄，神經突觸最密集，而人體皮膚組織脂肪越少的部位感覺越敏銳，所以性愛應該從愛撫足部開始。」他接著說，「用手指撫摸女人肌膚的動作要輕柔緩慢，好似觸摸蟬翼般。」

於是我們各抱著阿姨的一條腿，同時用舌頭舔她的腳背，再慢慢順著小腿往上舔去，她的小腿修長，肌膚細嫩有如白玉也似象牙，「女人的小腿不能過細，要看似無肉其實有肉，摸起來手感才好。」他說。

接著，我們同時緩緩的舔進她的腹部，再往上各舔一邊乳房，同時吸吮、舔、輕咬她的乳頭，我跟著他的動作，她一直很快樂地呻吟著。吻到頸部時，阿姨用雙手環抱著男友激烈舌吻，我自動把舌頭往下移，貪婪的吮食她多汁柔嫩的陰部，舌尖伸入她的陰道恣意探索，她的男友又轉而吸吮她的雙乳，她大喊「快點插進來吧，我受不了了！」他示意我上，我毫不猶豫把早就漲到快爆的陰莖提起，長驅直入她的陰道，使勁的猛

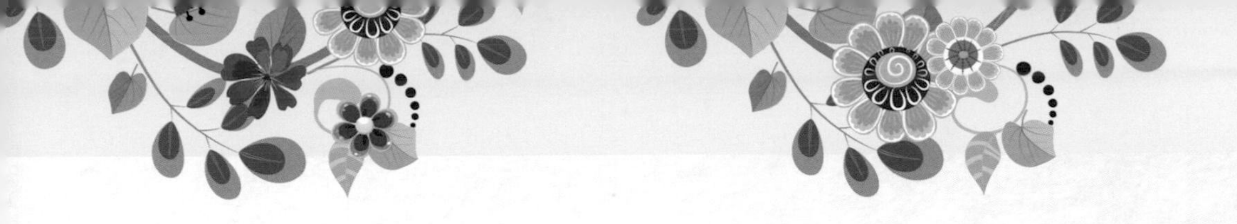

抽了不知幾百次，我第一次這麼激動，很快就克制不住射精的衝動，我大叫一聲，感覺精液幾乎用噴射的速度射在她的陰道深處。

「快，繼續，我還要。」她喊著，他和我互換了位置，「你跪坐到我的臉上來！」她指揮著，我面向她的腳跪著，面對正使勁插她陰道的男友，她把我已經疲軟、帶著精液的陰莖一口含入嘴裡，貪婪無比的舔食，我的陰莖不禁又硬挺起來。

她男友的陰莖正像機關槍一樣快速向她的陰道抽送著，大約經過10分鐘，他大喊一聲「快受不了了！」，「國揚（阿姨男友的名字），快射在我口中！」再對我說，「你再上。」她喊著。

「於是我們兩人又互換位置，他把精液噴入她口中，我再度進入她的身體！抽插了數百次，忽然她兩腳僵直，大叫一聲，身體接連著顫抖，她的高潮到了！

我們兩個也應聲倒下，分別躺在她身體兩側。我呆望著天花板，不禁想起書中對武則天性生活的描述，原來她一次要兩個男人侍寢是這個原因，這才是女人最極致的享受啊！」

我聽得入神了，不自覺伸手去探觸陰蒂，發現陰部已經濕透。

24

我握住他的手說：「真羨慕你阿姨的福份！但我是想望而不可及，我到哪裡能找到兩個男人？還是把握現在吧！」我握著他的手，兩人緩步走向臥室。

我仰躺下來，他俯身開始用舌頭舔我的陰部，用雙手把我的大陰唇輕輕往兩邊撥開，很用心的舔，再從腳底開始輕輕的吻慢慢地舔，順著小腿往上，經過膝蓋、到大腿、肚臍，再到一邊乳房、乳頭，又轉另一邊，刻意要讓我充分享受性愛，我覺得我是至高無上的太后，全天下的男人都在膜拜我，天下的女人都在羨慕我。

最後，他把舌頭深入我的嘴裡，貪婪又激情的探索著，舔舐我的上顎，我可以確信他已經深深愛上我，他就是我的男人，我已經擄獲他的心，我願意把我的肉體全部交給他，任由他啃咬、觸摸、享用，在任何他想要我的時候；兩人熱切的擁抱纏綿，兩腿互相搓磨，在床上互為上下翻轉打滾，彷彿世界已經走到了盡頭，接著他陰莖插入，我拼命的頂他，他要命的撞擊，我高潮了但仍然饑渴，他射出後我把陰莖的精液舔乾淨，他又再度勃起，再度插入，如此反覆，兩人都不願意放棄，徹夜征戰，一直到東方漸白，朝陽的微光已然射入室內。

我望向掛鐘，正好指著7點，我頓時覺得饑腸轆轆，起身從冰箱取出鮮乳，倒進兩個馬克杯，拿進臥室。

「我搭10點的高鐵南下。」他說。

「嗯」，我回答，「你不再小睡一下？」

「高鐵上可以睡！」他答。

我煮了咖啡，取出兩片起司蛋糕放在小磁盤上，他沖了澡走到餐桌前坐下。

「老師，妳給了我真正戀愛的感覺，我在做愛的同時內心真的很愛很愛妳！我以前和阿姨做愛沒有這樣的感覺，和妳則有一種幸福的感覺，是一種愛與被愛的感受！」他說。

我上前親了親他，他問，「我想妳的時候可以隨時來找妳嗎？」

「當然可以，傻瓜！」我毫不猶豫的回答。

用完早餐，他要求再上床抱抱，我們再度纏綿，他很溫柔地抽送，我感受到無比的甜美和體貼，我們不斷的擁吻，直到雙方同時高潮！

九點半，他背起背包在門口和我道別，兩人再度擁吻，我送他到電梯，電梯關上門之後我轉身進屋，反身背靠著關上的門站了好一陣子，兩眼潸潸淚下，我能夠有進一步的奢望嗎？不管未來如何，仍感謝他這幾天給我一生難忘的美好經歷！

向渡邊淳一致敬

被譽為「日本情慾書寫大師」的渡邊淳一，他是個醫生，專長是骨科，「骨科」在日本的說法是「整形外科」，很多人誤認渡邊淳一學的是我們今日認知的「整型」，如拉皮、隆鼻、豐胸等，其實不是。首先，渡邊淳一生於1933年，在他那個年代，這類整型醫學並不普及；其次，如果你熟讀渡邊淳一的作品，他多次提到骨科醫療的專業，由此可知。

是個醫生，渡邊淳一為什麼又成了一個小說家，而且是地位崇高又具市場性的小說家，不只多產、暢銷，作品又屢屢獲獎、被改編成電影，他的系列作品包括《失樂園》、《紅色城堡》、《往巴黎的最後班機》、《一片雪》、《化妝》、《男人這東西》等，其中，《遠方的落日》、《長崎俄羅斯遊女館》在1980年獲吉川英治文學獎，轟動一時的《失樂園》更可視為他寫作生涯的代表。

渡邊淳一不只熱愛寫作，尤其擅長冷靜觀察人生、剖析人性，這也是他的文字能觸動人心的關鍵。

我與渡邊淳一在文字的相識極早，由於學醫的關係，對於醫學出身的作家我總是多一些關注，《失樂園》是我首次閱讀他的作品，書中對於情慾的描寫勾起了我對他的好奇，這是他親身經歷的人生嗎？為什麼寫來如此沁人心脾！

寫作原本也是我的興趣，醫學院時期我在《政治家》雜誌兼差寫文章，雜誌是半月刊，經常要趕稿，在工作壓力之下練就了我今日人稱的「快筆」；猶記得那時還是小女孩、今日已是知名媒體人的陳文茜，是我在《政治家》的同事，白嫩的外表、內斂端莊，是我至今對她存留的印象。

從醫之後，工作日益繁忙，喜好閱讀的習慣不改，但已沒有多餘的時間提筆，2012年，我集合了產科醫療、照護資源，成立了愛麗生醫療集團，服務的群眾更廣、項目更多元，讓我對婦產科醫療多了一份使命感，從2019年起陸續出版了幾本婦科、產科相關的書籍，期盼能將我30多年的從醫臨床經驗透過文字傳達給有需求的民眾，而不需受限簡短的門診時間，總覺得無法將所有的叮嚀一一交代。這些書出版以來，確實得到很多讀者的回饋與反響，讓我感知出版的影響力。

得自渡邊淳一《男人這東西》的啟發，也繼我的拙作《好女孩也該享受狂野的性愛》的熱評，我整理寫了這本《男人是什麼東西？！》，延續上一本書對性愛議題的探討，更進一步嘗試寫了〈一個熟女與小他20歲學生的性愛〉小說，將文學融合婦科醫學、性醫學、性心理學。

寫作過程中，我將渡邊淳一的系列作品再讀了一遍，每多讀一部，便愈感佩他的文學功力與對寫作的熱情。我對情慾文學的貢獻仍為起步，與大師相距仍遙，但熱愛的心是一樣的，不敢與大師相比，謹以此書向情慾書寫大師致敬！

國家圖書館出版品預行編目資料

男人是什麼東西?! : 婦產科名醫教妳床上馭夫密技 / 潘俊亨著.
-- 初版. -- 新北市 : 金塊文化, 2020.05
268面 ; 17 x 23公分. -- (實用生活 ; 54)
ISBN 978-986-98113-5-4(平裝)
1.性知識 2.女性
429.1 109005223

實用生活54

男人是什麼東西?!

婦產科名醫教妳床上馭夫密技

愛麗生官方LINE@好友

金塊文化

作　　者：潘俊亨
發 行 人：王志強
總 編 輯：余素珠
美術編輯：JOHN平面設計工作室
協力美編：曾瀅倫
行　　政：林佩宜

出 版 社：金塊文化事業有限公司
地　　址：新北市新莊區立信三街35巷2號12樓
電　　話：02-2276-8940
傳　　真：02-2276-3425
E-mail：nuggetsculture@yahoo.com.tw

匯款銀行：上海商業銀行 新莊分行（總行代號 011）
匯款帳號：25102000028053
戶　　名：金塊文化事業有限公司

總 經 銷：創智文化有限公司
電　　話：02-22683489
印　　刷：大亞彩色印刷
初版一刷：2020年5月
初版二刷：2021年3月
定　　價：新台幣480元

ISBN：978-986-98113-5-4（平裝）